和爱犬一起生活

吉娃娃

日本爱犬之友编辑部◇编著　　徐　君◇译

河北科学技术出版社

想要尽情
探索这广阔的世界。

体型虽小但个性勇猛果断，
淘气爱争吵却使它更有魅
力。尤其是幼犬，有股初生
牛犊不怕虎的萌劲！

对你真是爱不释手。

就这样注视着你，百看不厌。

那水汪汪的大眼睛，似乎对
主人有说不完的话语。

我可是会分身术的，
一定要好好跟着哦！

人们很喜欢深褐色吉娃娃被
毛中的栗色部分，尤其是眼
睛上方、前胸和腿上的栗色
被毛。

不好意思，骗到你啦！

那虽然很像我，

但是你认错了哦！

吉娃娃的毛色大多都受人喜爱，颜色丰富、极具魅力。

我可爱吧？被夸奖了哦！

被夸奖了得意扬扬。主人不
允许做的事就坚决不做，我
们可是很擅长读心术的哦。

去看看吧！

那是啥？

在妈妈身边
好惬意。

目　录

第2章 饲养前的准备

幼犬的鉴别、挑选、用品准备、心理准备。

第 **3** 章　幼犬的饲养

维护感情、玩耍、交流的必需项目。

第**4**章 成年犬的饲养

健康地度过春夏秋冬。与吉娃娃一起生活的技巧和要点。

第5章 和爱犬一起生活

为吉娃娃营造更加丰富多彩的生活!

摄影助理：坂本由美子
照片中右边的女士，是绿石榴吉娃娃犬舍的成员代表。20多年前，她没有任何经验，初次饲养吉娃娃，就带领爱犬奇迹般地在犬类选美大赛中赢得了冠军。由美子女士因此对吉娃娃更加着迷，在之后的20多年中，多次带领爱犬取得了优异的成绩。当旁人问她为何如此喜爱吉娃娃的时候，她总是这样回答："因为它们是我独一无二的吉娃娃啊！"还把这份热爱感染给了她的姐姐泰子。
照片中左边的女士：吉娃娃专业饲养员 汤本明美
绿石榴吉娃娃犬舍
http：//www2.odn.ne.jp/~aai16970/

日本原版图书工作人员
摄影：坂口正昭
编辑：大野理美 中岛奈奈
文字：保田明惠
设计：Dunk工作室
插图：Nobby

第1章

吉娃娃的魅力

虽然体型娇小，但却有着顽皮而勇敢的萌劲。
这就是它的全部魅力吗？
实际上，吉娃娃还是能力超强的演技派哦！

吉娃娃人气居高不下的理由是什么呢？

与吉娃娃一起生活，你的世界都会变大

吉娃娃在日本拥有超高的人气，即使在世界范围的犬种中，其小巧的体型也是数一数二的。它小得几乎可以装进衣兜里，因此又被称为"口袋犬"，备受青睐。圆圆的脑袋上一双水汪汪的大眼睛，非常惹人怜爱，让人忍不住想要抱抱它。小巧的体型正好适合小户型居住环境，这也是吉娃娃人气不减的原因之一吧。

吉娃娃活泼好动，会全身上下一齐表达自己的喜爱之情。把这样可爱的吉娃娃带回家去，一定会把全家人都逗得开怀大笑。

现在，允许带狗进入的咖啡厅、商店和专用遛狗场所越来越多，各地的旅游景点、温泉和酒店之类的住宿场所也逐渐开放，允许带狗进入。因为吉娃娃体型小巧，可以轻松带它到处去游玩，世界也就变得更广阔了。吉娃娃无论到哪里都不会给主人惹麻烦，教养非常好，所以常令主人难舍难分。尽情地享受与吉娃娃在一起的生活吧！

这可不是什么大瓶子，就只是普通的500mL水瓶哦。

刚出生15天的狗宝宝，身长还不到10cm。

性格 敏锐又勇敢、难以言表的特质

特征 1

会察言观色，聪明伶俐！

身为小型犬，虽然力量薄弱，但却会察言观色。自己会思考判断该怎样做才能得到主人的夸奖。

特征 2

好奇心强，活泼好动

对一切事物都感兴趣，想要一探究竟。生性开朗、活泼好动，对身边的事物都极其关注，常常因此惹得人们开怀大笑。

特征 3

个性好强，但对主人绝对顺从

个性排外，对于初次相见的人与犬总是格外警惕。但是，一旦与主人建立起信任感，对主人的一切指示都会言听计从。

特征 4

感情细腻且神经质，时刻警惕身边的一切

对外界总是保持紧张和警戒，一刻也不松懈。但无论独处时有多么小心谨慎，一旦主人来了，立刻就会变得趾高气扬。

无比专一的优点——只对主人示好

吉娃娃有着三言两语难以说清的复杂个性。

因为是小型犬，所以会有胆小和神经质的时候，但人们又常常说吉娃娃特别好强。它的个性确实如此，体型虽小，但却好胜而勇敢。现实中也常会做出不顾自己的体型主动进攻、狂吠不止，甚至毫不畏惧大型犬与之对抗的举动。

吉娃娃对陌生人有着极高的警惕性，它对不喜欢的人甚至不予理睬，但对主人极度顺从，主人的一切指令都会尽力照做，称得上是"忠犬"，因此散发着无穷魅力。此外，它们头脑聪明，还会根据自身处境察言观色、采取行动。

**一闪一闪、
水汪汪的漂亮眼睛**

身体部位
1

吉娃娃的明显特征是稍微分开的两只大眼睛，总像有什么话要对你诉说似的，泪眼汪汪，忽闪忽闪，让人心生怜爱的同时，也感到它坚强的意志。

像苹果一样的圆圆脑袋

身体部位
2

吉娃娃浑圆的脑袋常被叫作"苹果头"，特别惹人喜爱。它的头顶上有一个指尖大小的凹陷，但也有一些吉娃娃的头顶上没有凹陷。

**分向外侧
大大的立耳**

身体部位
3

耳根宽大的立耳，给人以小心谨慎、聪明的印象。两耳直立在"苹果头"上，但在休息时，会向两侧分开。

方形轮廓的紧凑躯干

身体部位
4

吉娃娃的肌肉紧绷而结实，最好的身形要数方形的轮廓。虽然体型小巧，但骨骼健壮，所以不会像其他小型犬那样容易发生骨折等意外。

圆圆的脑袋与小脸的完美组合

仔细观察一下吉娃娃的脸，你就能发现它有多么独特。在辨别吉娃娃品种好坏时，头部也被视为最重要的部分。因为浑圆的形状像苹果一样，而被叫作"苹果头"。

在这个漂亮半圆顶的苹果头上，那滴溜直转的眼睛、向两侧分开的立耳、短吻上骄傲扬起的小鼻子，组合在一起，就勾画出了吉娃娃有些许桀骜不驯、却让人怎么也恨不起来的可爱小脸。

除了能吸引人眼球的娇俏颜值，让我们也来看看吉娃娃的身形吧。它小巧但不瘦弱，相当结实有力。胸腔宽且深，肋骨扩张良好。双腿肌肉发达，刚劲直挺，真可谓是匀称的体格，绝好的身材！这个动作敏捷的身躯，使吉娃娃除了惹人怜爱外，又显示出它威风凛凛的一面。

运动能力

需要适当的运动

幼犬期

根据幼犬的体力情况逐渐养成适当运动的习惯

幼犬骨骼发育还不完全，体力欠缺，在 5 ~ 6 个月大之前很难进行真正的散步，因此只能先培养其每天按时外出的习惯。同时，幼犬的脚爪十分细小，很容易陷进排水沟的网状盖子里，更承受不了人类的踩踏，如果遭遇意外，会给它带来可怕的心理阴影，一定要格外注意！

成年期

在每天的散步活动中总结出最适合它的运动强度

有些粗心的主人在散步时只顾引导吉娃娃随行，而不关注它的表情与身体状况，即使爱犬已经很累了，还依然不断前行。虽然同样都是吉娃娃，但每只狗都有适合自己的运动量。所以，主人在带爱犬散步的途中和运动后，都应该细心观察它的呼吸与步伐，判断它是否疲倦，从而总结出最适合爱犬的运动强度。

一直抱着也会让它感觉烦闷和憋屈，放手让它自由活动吧

　　吉娃娃最大的魅力之一就是它的动作迅速而敏捷。有的主人只把它当作自己的玩具，整天把它抱在怀里或拎在宠物手提包中，这可是会让它感到烦闷和憋屈的。

　　吉娃娃给人的第一印象并不好动，但实际上它的运动能力可不一般。肌肉发达、骨骼健壮、身体结实有力、步伐轻快、活动灵敏，优点数不胜数。所以，如果想要吉娃娃快乐，一定要让它自由地动起来！

　　小巧的吉娃娃，即使只踏出家门一小步，它也会兴奋得像发现了新大陆。它们对运动的要求其实并不高，只要主人每天看它活动、陪它玩耍就足够了。唯一需要注意的是运动强度不可过大，否则可能对它造成伤害。上面已列举出吉娃娃幼犬与成年期关于运动方面的各类注意事项，请一定仔细阅读，作为参考。

短毛VS长毛，你更喜欢哪一种

虽然只是被毛的长短不同，但给人的感觉却完全不一样。

谁更胜一筹？传统的短毛犬，还是雍容华贵的长毛犬？

吉娃娃分短毛犬和长毛犬两个品种。近几年，长毛犬在日本人气高涨。其实无论是长毛还是短毛，都凭借各自颜值的独特优势，同样吸引着大量的粉丝。

最初的吉娃娃只有短毛犬这一个品种，正因如此，短毛犬很好地继承了吉娃娃精力充沛、意志坚韧的优秀品质。大眼睛与肌肉发达的身形，也恰好完美地展现在短毛犬种的身上。

短毛犬

时尚的短毛完美展现吉娃娃的绝好身材

短毛犬被毛虽短却有光泽，抚摸起来手感良好。成年犬的被毛细致紧密，均匀覆盖全身，给人以小巧精干、利落敏捷的印象。

与之相反，长毛犬拥有轻柔纤长的被毛。有的被毛平直，有的轻微卷曲。所以体型小巧的长毛犬，在举手投足之间，无时无刻不透露出一种雍容华贵的感觉。双耳、胸前和后腿处的柔美饰毛，也都散发着吉娃娃优雅的气质。

如此优雅的长毛犬的存在，正是为了配合名流人士与"外貌协会"人群"想要把狗也打扮得和自己一样漂亮"的心理，可谓是顺应时代的需求。

虽说是长毛犬，但被毛的长度并不像马耳他狗那么夸张，所以被毛的日常打理、脱落被毛的清理也并不那么麻烦。相比之下，短毛犬的被毛更为浓密，数量繁多，因此，长毛犬的被毛虽然很长却不难打理。

长毛犬

轻柔的被毛散露出优雅
华丽的气质

色彩丰富的被毛

相同犬种颜色各异，吉娃娃的毛色变化多端。

棕红色

幼犬和成年犬都漂亮显眼

偏红的深茶色，被赋予"沉稳之色"的美名（色调有深有浅），是吉娃娃最传统、最常见的颜色之一。让人仅从外表上就能一眼看出吉娃娃的活泼与勇敢。

棕红配白

精神抖擞又惹人喜爱的颜色

棕红为主的被毛，搭配着一点点白色，和谐的色彩搭配，让人感觉到健康和活力。暖色调的红棕与浅褐色深浅不一，但都和谐而漂亮。

几乎可以说所有的毛色均被认可

　　丰富多彩的外衣也正是吉娃娃的魅力之一。如果把好多只吉娃娃召集在一起，那纷繁华丽的毛色，简直就是一个盛装聚会。

　　除了大块的斑点状花纹以外，其他所有颜色的搭配组合，都被认为是纯种的吉娃娃。红棕色或土黄为主的身体，眼睛和耳朵部位少许其他的配色，眉眼上方与脚踝处点缀的深栗色标记，真可谓是多姿多彩。

　　在此，我们来介绍一下吉娃娃多彩外衣中的几种。

棕红与白相间

红白相间尤其漂亮

红白相间是指白色为主的被毛，还搭配着棕红色。也有红白分配不明显，棕红色被毛呈块状的情况，我们把它称为小棕块。

纯白色

亲眼见过后，最喜欢的就属白色了

吉娃娃大多是白色与其他颜色搭配而生，但也会有全身雪白这一品种。全身雪白颇具神秘感，因此赢得了"雪之精灵"的美名。白色被毛更好地凸显出吉娃娃水汪汪的漂亮眼睛。

乳白色

清逸温暖的治愈色

白色为主，搭配着乳白色，暖色系的浅色搭配，细腻而和谐，让人不禁想要将它抱在怀里。与白色相似，乳白色会使吉娃娃的眼睛和小鼻子显得格外可爱。

亚麻巧克力色

难道是在情人节这一天出生的?

正如其名,这种毛色看起来真的像巧克力一样,让人忍不住想要咬一口!众多犬种中亚麻巧克力色都是人气极高的毛色,吉娃娃也不例外。在这淡淡的巧克力色的映衬下,眼睛也像戴上了美瞳,个性十足。

浅褐色

见过的人都说"太漂亮了"

比棕红色稍浅、接近茶色的颜色,也是吉娃娃中较常见的一种,非常恬美优质的一种毛色。最有趣的一点是棕红与浅褐色的被毛并不全都是与生俱来的,有的狗在刚出生时全身被毛乌黑,随着成长,颜色慢慢变至浅褐色。

虎斑色

凛然又可爱,颇具贵族气质

吉娃娃的虎斑色被毛是指像甲斐犬那样以棕红色为主、镶嵌搭配着黑色细致纹理的被毛。浅褐为主的虎斑色被毛是非常稀少的。

深栗蓝

与亚麻巧克力色不同，深栗蓝更接近黑色

像是用蓝色与灰色颜料专门调制出的深栗蓝，拥有深邃的神秘感与无穷魅力。深栗蓝的吉娃娃在美国拥有极高人气，这种颜色也是典型毛色，在其他犬种之中十分常见。

深栗黑

淘气值满分，萌劲翻倍

黑色为主的毛色搭配一点深栗色，可谓是最佳搭配。眉眼上那一点点深栗色的毛，有画龙点睛的作用，尤其凸显吉娃娃极度顽皮，却让人怎么也恨不起来的可爱小脸。所以有着深栗色被毛的吉娃娃数量相当众多。

深栗黑配白

淘气中带点高贵的气质

与深栗黑极为相似，但在前胸与眉眼还搭配着许多白色的被毛。也有刚好相反的白色为主而搭配着黑色的品种，称为深栗白。

第1章 吉娃娃的魅力

第2章 饲养前的准备

第3章 幼犬的饲养

第4章 成年犬的饲养

第5章 和爱犬一起生活

吉娃娃起源于墨西哥

无人不知的人气犬种，它的发展起源也颇具神秘色彩。

吉娃娃的祖先曾在宗教仪式中担当教会的小帮手？

关于吉娃娃的历史与起源有着诸多学说，目前为止还没有一个确切的定论。其中最有力的说法是吉娃娃起源于墨西哥。教会的修道士在墨西哥托尔特克文明时期饲养了一种名叫特吉吉的小型犬，也有人把它叫作阿尔卡，人们认为那就是吉娃娃的祖先了。在遗留的教会壁画中也的确能看见它的身影。当时的人们把吉娃娃当作宠物，在宗教活动时它也是必不可少的重要成员。如此看来，吉娃娃的发展起源颇具神秘色彩。而在墨西哥周边阿兹提克部族的历史记载中，也能看见与苹果头吉娃娃几乎出自一个模子的动物画像，这为吉娃娃的墨西哥原产地学说提供了可靠的依据。

关于吉娃娃的起源也还有其他的一些说法。比如有人认为它的祖先是公元前1000年出现在古埃及的一种小型犬，因为当时的马耳他岛经济繁荣、贸易盛行，它也随着人们的生意往来被带到了这里。擅长把一切事物都改造成小体格的东方人，也成功地把狗的体形变得小巧玲珑了。像这样的学说还有诸多，真是具有奇幻色彩。

吉娃娃的简要说明书

● 起源地：墨西哥
● 犬种名：由曾生存于托尔特克文明时期的一种名叫特吉吉的小型犬演变而来
● 体型：理想体重范围为 1.5 ~ 3kg （不足 500g 与超过 3kg 均属于不达标）

世界上体型最小的犬种，最明显的特征是其紧凑的身形与苹果形的圆圆脑袋。

墨西哥原产！

在墨西哥，有一个名为"吉娃娃"的州。但有趣的是这并不意味着墨西哥就是吉娃娃的发源地，刚好相反，只是因为美国人从当地购买吉娃娃并把它带回国，这个州才逐渐更名为"吉娃娃"的。被带到美国的吉娃娃随即接受了品种改良，1923年吉娃娃犬俱乐部成立以后，立即掀起追捧的热潮。而在日本，人们把吉娃娃作为宠物来饲养，开始于第二次世界大战结束之后，传说是美国的进驻军把它们带到了日本。

最近的发展趋势

原本多种毛色均被认可的吉娃娃，毛色被赋予了新的意义

人们习惯以被毛的颜色判断狗血统是否优良。近几年的犬类市场，毛色定血统这一说法被广泛推崇，使得宠物界的人们纷纷挖空心思为狗打造漂亮的外衣，于是乎吉娃娃也开始以丰富多彩的毛色闪亮登场。但这个原本多种毛色均被认可的犬种，日本犬业协会在2011年4月出台新规定，严令否决了人工改造的毛色。原因是，如果人类为了毛色而刻意去扰乱吉娃娃的正常繁殖活动，违背了种群繁衍的自然规律，会对狗的健康产生不良影响。

挑战一下热闹的多只饲养

同时饲养多只狗更是其乐无穷，在不经意间让你产生新的领悟，发现它们的独特个性！

绝对不可以贸然带回新朋友，增加新成员需要循序渐进

　　吉娃娃算是非常适合多只共养的犬种了，因为它们体型细小，无论是在空间上还是费用上都不需要主人花费太多心思。但是吉娃娃很机警，如果主人贸然把另一只狗带回家，那可是万万行不通的。应给它们充足的时间去适应对方，待相处融洽后再让两只狗开始真正的共同生活。

　　多只共养要想成功，秘诀就在于主人不能因为狗的数量增多而减少分给每一只狗的关爱。吉娃娃极具独占心，主人不可忽略这一特性，因为稍有疏忽就可能使爱犬产生抵触行为。所以，明智的主人应该有意识地向每只狗表达出特有的关爱，而不是笼统粗略地一致对待。

多只共养时，原有的那只狗会产生嫉妒情绪吗？

在主人把新狗带回家时，原有的那只乖巧的狗可能会突然变得像个任性不懂事的婴儿，甚至做出在家里随地大小便的举动。明明只想自己独占主人，却多出了一个竞争对手，当然会引发吉娃娃的嫉妒情绪。所以，主人们更应该毫无保留地对爱犬付出关爱，珍视与它一对一相处的宝贵时光哦！

保持安全
距离！

好！

相同犬种还是不同犬种共养？

狗与狗相处极易发生肢体碰撞，对过于敏感而神经质的狗来说，无论犬种相同与否，多犬共养绝非易事

对敏锐的吉娃娃来说，无论对方与自己犬种是否相同，初见面时必定会保持极高的警惕性，关键在于对手是否能够巧妙地应对。若是与那些不善于群居的犬种（如柴犬、法国斗牛犬等）相处，极易产生敌意互不退让，主人如果仍想尝试吉娃娃与这些犬种共养，就更需要加倍付出爱心，细致呵护了。

选择不同的性别，还是相同的性别呢？

比起在意性别，应该更多地关注狗各自的性格是否有利于相处

虽然雄性犬之间相处的最初阶段容易发生争斗，但是经过一段时间，确立了彼此强弱的地位后也能和谐共处。而雌性犬之间就很少有彼此看不顺眼的情况了。另外，对于那些未做绝育手术又处于发情期的雌性犬，雄性犬的存在会让空气中飘散着太多不安定的诱惑因子，再难受也只能自己努力克制。其实多只共养这件事，与其在意性别，还不如更多地关注狗各自的性格，看它们是否能融洽地相处，这才是最可行的。

相处得真不错！

年龄相仿好一些还是差距大好一些？

年龄差距不能一概而论

年龄相仿的狗常因阅历相似而和睦相处。但也有小狗想要改变地位这样的事发生，无论两者的年龄差距是大是小，都想要争做老大，这其实是狗在成长的一种表现。总体来说，只要性格合得来，应该很快就能恢复和谐美好的共处关系。

乖乖听话！

是！紧跟您的
步伐！

向这类人推荐吉娃娃

对于爱好打扮的女性与倾慕忠犬的男性，吉娃娃可谓是绝配。

体型细小，任何类型的住宅环境都可以轻松饲养

吉娃娃体型极其细小，不论在普通公寓还是不带院子的小户型房子里，都不会因为空间狭小而产生不适，可谓是不挑环境的犬种。

吉娃娃受欢迎，还因为它并不需要主人花费太多的心思去照料，运动量也比别的犬种小，不爱运动的主人，每天只需带它外出适当散散步即可，不会构成压力与负担。牵吉娃娃散步，也不用担心出现狗拖着主人乱跑这样的意外。因此，尤其适合女性和老年人饲养。

对于犬类每天所需的被毛梳理，吉娃娃的护理并不麻烦。虽然，脱毛期的精心护理必不可少，但即使是长毛犬，被毛也没有约克夏那样长，也不像别的需要烫发造型的长卷毛犬那样，不定期修剪被毛会变直。所以说，无论是繁忙的上班族，还是力量柔弱的女性，吉娃娃无疑都是最省事又易饲养的犬种。

最适合向往与狗建立专属依赖关系的人群

吉娃娃的性格，与哪类人群最合得来呢？

吉娃娃对主人有着极高的服从性，一旦与主人建立了良好的信任关系，主人所有不允许做的指令，它都会尽全力去遵守。对于那些想要与狗建立一对一专属依赖关系，期望能与爱犬心有灵犀的人来说，吉娃娃无疑就是最好的伴侣。吉娃娃的男性粉丝数量出乎意料得多，似乎也正因为男性着迷于它对自己无比忠诚、非你不可的专注情谊。

头脑聪明的吉娃娃，非常善于察言观色、解读人类的心理。一旦因某个行为得到主人的夸奖，它便得意扬扬，按捺不住地重复同一动作，其中更有不少是出色的演技派，会为吸引主人的注意而故意发出呼哧呼哧的声音，做出大动作。看穿了吉娃娃心思的主人不可简单地认为它幼稚傻气，而应该珍视爱犬这份傻傻的可爱。

所以，乐于与狗进行心智交流的人，也很适合饲养机智精明的吉娃娃。

带着时髦的吉娃娃外出，走在流行的最前沿

吉娃娃被认定为屈指可数的时髦犬种的理由之一，是因为它们有着色彩丰富的被毛。人们总能从众多毛色中选出自己喜欢的那一种，而其他毛色单一的犬类就满足不了这样的要求。

炯炯有神的双眼和小巧的体型也时刻映照出吉娃娃出类拔萃的时髦感。主人们都想要把爱犬打扮得更加漂亮，为了迎合这一需求，宠物用品店出售各种别具匠心的小狗服装和配饰，名流系的、少女系的……各种风格应有尽有。吉娃娃的主人中，为它配齐了全套装备的人更是不在少数。

即使是成年的吉娃娃，体型也仍然小巧，主人可以带它去任何地方，这更让它散发着无穷魅力。无论是咖啡厅、商场、旅游景点还是摄影棚，带你的爱犬享受共同生活的乐趣吧。

家里有小孩，可不可以养吉娃娃呢？

吉娃娃好奇心强又活泼，通常都能成为孩子们的玩耍伙伴。但吉娃娃会认定唯一的主人而对其他人有很强的抵触情绪，有可能并不真心地接受小孩。贪玩的狗爱纠缠着人陪它嬉戏，玩闹过程中会突然朝人猛扑，也可能会让人摔倒，有可能造成小孩的心理恐惧感。为了让狗与小孩融洽相处，一定要教会它规矩，不可做出随意扑人的动作。

第1章 吉娃娃的魅力

第2章 饲养前的准备

第3章 幼犬的饲养

第4章 成年犬的饲养

第5章 和爱犬一起生活

警惕冲动购买

备 受人们喜爱的吉娃娃，也是宠物店里最常见的犬种之一。常有人看见别人饲养如此萌的动物觉得特别羡慕，但若仅凭一时冲动就把它买回家，有可能遇上不少的麻烦。因为狗也是一条生命，一旦决定饲养它，就必须负起责任照顾它一辈子。不管多么忙多么累，都得带它散步、给它喂食，这样的生活需要你十年如一日地坚持，甚至更久！养狗当然还得花不少钱，包括每天的粮食、如厕清洁的开销以及疫苗等费用，如果生病了还得花钱看医生。为了让未来的日子不后悔，一定要经过深思熟虑，若你已经做好"尽管可能会面对重重困难，我依然确定会好好照顾它"的思想准备，那就张开双臂去迎接你的狗吧！

一旦决定养狗了，就可以到值得信赖的犬舍基地去，自己亲自观察、仔细挑选出中意的狗。很多人买狗时会因为有眼缘立即决定就是它了，但若不仔细检查一下狗的健康状况，很可能带回家后才发现它有这样那样的问题。

大家还得全面思考问题，如"这个种类的狗真的适合我吗？"同样是狗，种类不同，个性、对运动量和照料方式的需求也会有所差异。同时，主人是否有养狗经验、居住的环境、家庭成员的构成等因素，也很大程度地决定着适合饲养的犬种。你期望中的养狗生活是什么样呢？一定要冷静地斟酌一番再做出决定。

第2章

饲养前的准备

幼犬要来我家啦！
不只是在物质上，心理上的准备也要做好。
让我们共同了解一下。

成功挑选幼犬的要点

养狗的幸福生活，从与理想幼犬邂逅的那一刻开始。

通过亲自观察和接触来判断它是不是一只出色的幼犬

挑选幼犬时最重要的是心理与身体都健康。总有人因为吉娃娃是小型犬所以尽量挑选个头较小的幼犬，但绝不能说个头小的就一定好。比起体型大小，更应该重视健康状况。

身体紧实而富有弹性，抱起来沉甸甸，比想象中更有分量的就算是健康的幼犬了。反之，如果抱起来比想象中更轻，让人感觉很柔弱，这样的幼犬不建议大家购买。此外，一定别忘记仔细检查幼犬身体的每一个部分，确认它是否健康。

挑选幼犬是与爱犬共同生活的重要一步，主人们绝不可匆忙做出决定。如果有条件，应该将幼犬放在一个宽敞的地方，观察它自由行动时的状态，并亲自抚摸接触，在心里多次确定"选它一定没错"以后，才做出最后选择。

雄性与雌性，更推荐哪一种呢？

很多人认为雌性更易于饲养，所以雌性的吉娃娃很受欢迎。雄性吉娃娃对主人有着极强的独占心，主人说了不允许做的事，都会百分之百地顺从。而雌性吉娃娃虽然表面上看是改正错误了，但其内心并不真正反省。或许正是这样的口是心非，让雌性吉娃娃散发出独特的魅力吧。

绝不可以只因为人气高就选择吉娃娃

吉娃娃拥有超高的人气，常让你感到身边的人都在养这种宠物，但如果仅仅只是为了跟随潮流而选择它的话，绝对不可以。因为犬种不同，外型上就不必说了，性格与优点也会各有不同。大家应该先在脑海中设想一下与爱犬相处的画面，再选择最适合自己的犬种。

两种都很好哦！

外形

教你一手高明的挑选方法

尾巴

精神抖擞摇啊摇

健康的幼犬会一边摇着尾巴一边朝你走来。如果幼犬只把尾巴耷拉在两腿中间，呆立不动，那就要多观察一下，确认它的性格了。

耳朵

左右对称、协调

左右两边得对称协调。耳道内部也要仔细检查，不能有污垢和臭味，如果狗不停地挠耳朵，一定是出了什么问题。

眼睛

透过眼睛看穿内心

人们说"眼睛是心灵的窗户"，闪烁有神的眼睛能让你透过它看穿狗狗的丰富内心世界。眼神呆滞目光冷淡的狗，相信你也不会选择它。

肛门

干干净净，不能粘有大便

如果肛门周围黏糊糊的粘有大便，很可能是狗狗感染了痢疾正在拉肚子。

鼻子

适当湿度的小鼻子

幼犬醒着的时候，鼻头都会稍微有一点湿润。若是鼻涕不止或是鼻头粗糙、干巴巴的，都得引起注意。

被毛

手感舒服有光泽

被毛上不能有皮屑与污垢，应该漂亮有光泽。黏腻或干枯的被毛，都表明可能患有皮肤疾病。

嘴巴

牙龈与舌头都呈漂亮的粉红色

轻轻掰开它的小嘴看看吧。若是牙龈与舌头都呈漂亮的粉红色，那就是只健康的狗。如果是异常的红色或者带有口臭，那么它的健康一定出了问题。

腿部

稳健有力行走自如

后脚沉稳有力，没有O型或者X型腿的缺陷。步伐协调、健步如飞，一看就知道它是只不错的狗。

第1章 吉娃娃的魅力

第2章 饲养前的准备

第3章 幼犬的饲养

第4章 成年犬的饲养

第5章 和爱犬一起生活

一看便知的性格测试

对于同一窝幼犬，可以拍拍手呼唤它们，看它们的反应。谁会立即向你飞奔而来，谁是不紧不慢地向你靠近，还有谁是总跟在大家后面的那一个，一看就知道了。

它会乖乖听话吗？

把幼犬翻过来仰卧着面对自己。看它是听话任你摆布，还是先有不情愿但很快安静下来，还是一直躁动不安甚至胡乱撕咬，就能判断它是否顺从于你。

即使把它举起来也乖乖听话不吵闹吗？

托住幼犬的胸腹和屁股把它从地板上举起来，看它是乖乖听话还是躁动吵闹，便知道它的顺应能力了。

刚被吓跑又立即掉头回来，是因为强烈的好强心？

试着在幼犬的身边掉落某件物品，发出稍大一点的声音。看它是丝毫不为所动，还是刚被吓跑又立即掉头回来，还是跑开就再也不见踪影，由此便可判断它是不是敏感而神经质的狗了。

对于初次饲养吉娃娃的人，哪种性格的幼犬才最容易饲养呢？

该选哪种性格的幼犬，并不能一概而论，应该充分考虑它与主人的性格是否合得来，所以是因人而异的。

吉娃娃的优点是对主人绝对专一，所以并不一定要那种与谁都能打成一片、好相处的幼犬。老实听话稍有羞涩的幼犬容易被看成不太优秀的类型，但其实不然，这样的狗实则很聪明，它是在仔细观察周围的状况从而决定自己的行动。当然，开朗活泼的狗是肯定能成为理想的嬉戏伙伴的。

最值得推荐的要数那种既不太胆小，也不太过于积极的幼犬了。就是那种听见"来来来"的呼唤声，既不畏缩躲藏，也不立即上前，而是先观察一番再向你靠近的幼犬。这种幼犬即使是初次饲养吉娃娃的人也能得心应手。

争取从幼犬的卖家那里得到最全面的相关信息

想要购买幼犬，渠道是各种各样的。但不管怎么说，首先都得亲自观察幼犬的健康状况、性格以及是否能与自己合拍，一定要尽可能地充分了解。

因为有不少"刚买回去就死掉了"或"说是血统绝对纯正，养着养着却发现它不像纯种的吉娃娃"这样的例子。购买时务必向其询问下图表格中列举出的4个问题，以便判断卖家是否值得信赖。若卖家不正面回答反而抱怨："为什么要问这么多麻烦的问题呢？"那么显而易见，这样的卖家不值一谈。在确认对方是能够及时耐心做出回复的卖家以后，就可针对幼犬是否有遗传类疾病的隐患、父母犬的生理条件以及购买后立即死亡的补偿措施等，与卖家进行详细交流，避免未来发生让人后悔的事情。

每一只都好可爱

购买时的确认项目

- ☐ 是否接种疫苗
- ☐ 父母犬的血统与性格
- ☐ 幼犬的出生日期
- ☐ 幼犬的健康状况

※ 最重要的是在信誉良好的卖家那里购买。

幼犬到来之前需要做些什么

为与幼犬共度新生活而做的准备是否充分呢？

准备好基本的必备物品

为使自己以最佳的状态去迎接幼犬，在幼犬到来之前应准备好狗粮、餐具和如厕便纸之类的必备物品。

有的主人幻想着与吉娃娃共同相处的美好生活，爱犬心切，早早地就买了一大堆各种宠物用品，如此着急是没有必要的。初期并不需要什么都买，应该根据幼犬的性格与自家生活方式的需要，一件一件地准备合适的用品，避免不必要的浪费。就拿玩具来说，狗都有各自的偏爱，根据主人想与爱犬玩的游戏类型，适合的玩具也有很多种，应该有针对性地购买最需要的。

迎接幼犬时需要准备的物品

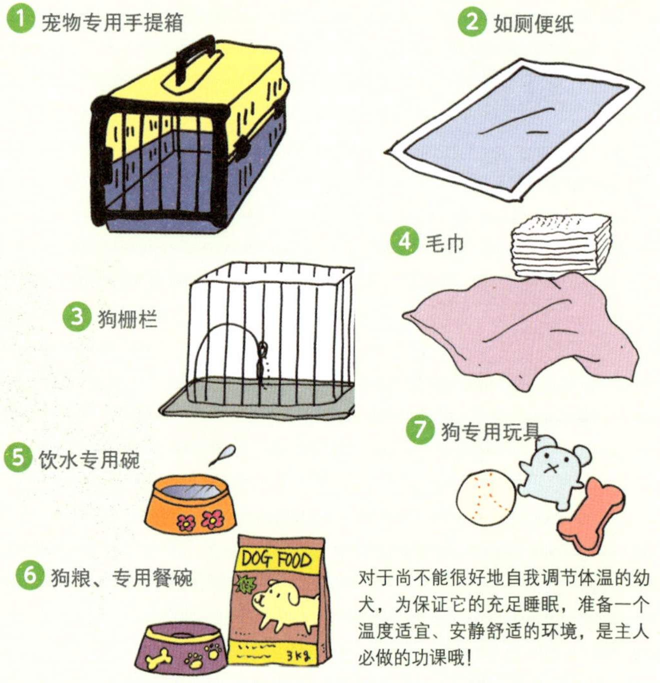
1 宠物专用手提箱
2 如厕便纸
3 狗栅栏
4 毛巾
5 饮水专用碗
6 狗粮、专用餐碗
7 狗专用玩具
DOG FOOD
3kg

对于尚不能很好地自我调节体温的幼犬，为保证它的充足睡眠，准备一个温度适宜、安静舒适的环境，是主人必做的功课哦！

随着幼犬的成长，还应该逐渐为它准备其他的用品如脖圈、牵引绳、被毛用具（胶套、毛刷）和护理用具（牙刷、沐浴液）等。

❶ 宠物专用手提箱

有了专用手提箱，在带狗外出去医院等地的时候，可以把它装在里面，非常方便。吉娃娃体重较轻，使用布质的手提袋也能行，但为了幼犬的安全考虑，一定要选择质地结实的布料。在医院或者地震等避难场所中，宠物手提箱也能成为狗专属的小空间。所以，在平时的生活中，就应把宠物手提箱摆放在家中狗可以随意出入的地方，让它从现在起就习惯这个"专属空间"。

❷ 如厕便纸

狗一来立即就要用到的东西，因为幼犬还没学会自己找到正确的排便地点，所以可做好准备多买一些。还可在便纸下面多铺一些塑料纸或报纸，多几层防护。

❸ 狗栅栏

栅栏是带给狗安全感的必备物品，它让狗拥有一个属于自己的空间。不仅在关键时刻能防止它调皮捣乱，还能帮助狗养成在固定地点上厕所的好习惯。

❹ 毛巾

用柔软舒适的布料为幼犬制作一张能安心入睡的小床吧。如果能从原来的主人家里拿到带有母犬或兄弟犬体味的毛巾，就可以减轻幼犬初到新家时的寂寞与恐慌。

❺ 饮水专用碗

与餐具区别开来，饮水的用具需要另外准备，比如栅栏配套的饮水器，安装在栏杆上，狗用舌头一触碰就会自动流出饮水，也就免去了主人每次都要为它倒水的麻烦。

❻ 狗粮、专用餐碗

要选择进餐时不会到处乱动，能够固定起来的餐碗。狗粮的话，把现在混在一起吃的各种食物分开来喂会更好。

❼ 狗专用玩具

玩具可以帮助那些精力过剩的狗消耗自己的体力。牙咬玩具还能够减轻幼犬长牙时期的牙龈瘙痒，但一定要选择能够用来撕咬的安全材质。

准备护理用具
让护理变得充满乐趣

很有必要把护理用品配齐全套，如毛刷、牙膏以及专用的纸巾等。护理过程中有些项目狗会难以接受，比如刷牙就是让大多数狗都苦恼的事。所以应该从幼犬时期就开始给狗刷牙，可以用陪它玩耍的方式来让它适应，逐渐养成刷牙的好习惯。

幼犬初到，过渡期的陪伴方法

无论对于主人还是幼犬，第一周都极为关键。

第一周的任务应以放松为主，消除疲劳与压力

迎接幼犬，先要带其接种疫苗，并做排除先天疾病的检查以及化验排泄物等。这些是购买幼犬必须经过的步骤。

迎接幼犬最好的时间是白天，这样它就有充足的时间适应新环境，到了晚上才能独自入睡。

幼犬时期的吉娃娃体型极小，几乎没有运动能力。到了新主人的家中，光是去观察环境的改变都足以使它疲惫不堪。如果主人干预它的行为，会让它过度疲劳，这其中导致狗猝死的例子也不在少数。所以在幼犬初来乍到的第一周，无论多么迫切地想与它亲近，都应该先忍住这份心思，把它放在栅栏中，让它好好放松休息。

吉娃娃的幼犬多发低血糖症，若发现不及时很有可能导致死亡。所以，尚不能很好地自我调节体温的幼犬，一定要有专人在家看护。如果实在难以坚持，至少在它刚来的关键的第一周，要做出应有的努力。

迎接幼犬后的❸条养育指南

❶第一周要安静守护

因为离开母犬和环境的巨变，幼犬已经非常疲惫。这时即使幼犬很希望有人陪它玩耍，也应该把它留在栅栏里，让它以自己的节奏来放松休息。突然将它抱起或是逗它玩耍都会让它感到恐慌，所以，主人不可以发出太大的声响，最好的做法就是安静地在旁边默默守护它。

❷留心低血糖症

环境变化带来的紧张感可能导致低血糖症。一旦血糖骤然降低，幼犬可能会出现痉挛，或者因乏力而摔倒等症状。为了预防低血糖症可以适时地喂它喝一些稀释过的蜂蜜水。

❸过了第一周也不能掉以轻心

有的主人特别心急，刚过第一周就让幼犬尽情地玩耍，这可能会使它体力透支而生病。所以，即使过了关键的第一周，与幼犬的亲密接触也应该控制时间，要根据它的生长情况，循序渐进地延长玩耍的时间。

有 哪 些 途 径 购 买 幼 犬？

咨询专业的饲养人员

身为该犬种的专业饲养员，不仅能培育出身心都健康的优质幼犬，还能给养狗人士提供咨询解答。但是，其中也有一些人为了赚钱，极不负责地让犬类进行不合理的配种和繁殖。这样不良的饲养员或许很难通过外表来判断，但如果他不愿意带你去看幼犬的犬舍和父母犬就很可疑了，这是一种心虚的表现，一定是有什么不能被买家看见或者不可告人的事情吧。

在宠物店选购

这是最为普遍的一种方法了，但也有风险。说有风险，最重要的原因是买家看不见幼犬的出处，有的幼犬还可能因过早地离开母犬而免疫力低下。但若可以完全排除以上两点，在宠物店选购也一样值得信赖。

在网上寻找卖家

"无论如何也想买到这种颜色的吉娃娃"，因为这样的想法，有的买家开始利用网络挑选幼犬，因为网上的选择比实体店面要多得多。但是网上交易常会遇到图片与实物不符、狗有健康问题之类的意外。因此，要选择买卖双方在交易时能够进行实物确认的电商平台，从而使网上交易变得像在实体店购物那样放心可靠。

主人的心得分享

幼犬养育的道路上布满了坎坷，需坚持不懈全力应对。

耐心应对幼犬特有的疾病与意外

迎来了幼犬，主人会因为满心的期待而兴奋不已。但是，千万不可因此就飘飘然忘记了自己养狗的使命。

因为狗毕竟只是普通的动物，很多时候不会按照你想象的那样去行动。所以，一开始的训练是最为关键的。吉娃娃能够敏锐地感知自身的处境，如果仅因一次不成功就放弃继续训练，会让它产生"这个人的话不听也不要紧"的想法，从此以后你便很难收服它。

在此，我们列举出了养狗的人公认的最令人头疼的3个难题和解决办法。希望大家看过以后能够从容地应对，不再惊慌失措。

如厕训练

幼犬之中有那种几乎不用教就能自己乖乖上厕所的"好孩子"，也有那种教了很多次也记不住的，还有那种时好时坏不能稳定发挥的。

如果爱犬总记不住到规定的地方上厕所，难免会让主人感到失望，甚至因此责备它们，但粗暴地责骂其实是解决不了任何问题的。因为幼犬并不能理解被骂的原因，会误以为是自己排便的行为招来了主人的责骂。

主人要学会找准幼犬想要排便的时机，尤其是在它刚刚醒来、埋着头用鼻子到处嗅来嗅去的时候，赶紧带它到规定的地方去上厕所，如此重复几次幼犬就能逐渐记住。在以后想上厕所时会自己去找到这个固定的地方，不再毫无规矩地随地大小便。

夜间吠叫

吉娃娃一般是不会夜间吠叫的，尽管如此，还是会有一些幼犬因为突然离开了父母亲与兄弟姐妹，感到孤独不安而夜间吠叫。

若是主人一听见幼犬夜间吠叫就立即去抱起它安抚，会让它产生"只要我一叫唤，主人立刻就会过来"的误解，而改不掉夜间吠叫的坏习惯。所以，听见幼犬凄凉的夜间吠叫声时，主人即使再心疼，也要忍住不去抱它，要学会在不远处默默陪伴，直到它自己停止夜间吠叫。

调皮捣蛋

吉娃娃有强烈的好奇心，会把家里所有地方都一探究竟。为避免它细小的身体卡进家具间的缝隙里，一定要把家具间那些有安全隐患的缝隙都排除掉。

对于吉娃娃乱咬东西的淘气行为也需要提高警惕。因为在狗眼中牛皮包与牛皮糖是没有区别的。若是咬坏了贵重物品太可惜了不说，误食了不该吃的东西甚至会有生命危险。所以，主人应该把那些有安全隐患的东西全部收在它够不到的地方，以免发生意外。

以下这些办法用来纠正狗乱咬的行为也比较有效，比如把能够用来撕咬的玩具奖励给它玩，或者在不能咬的东西上喷洒犬类讨厌的液体，如辣椒水之类的。

训斥教不出乖狗

训练幼犬最基本的要素是鼓励与表扬。但是，对于不可以做的事情，就要果断对它说"不"。主人应该主动学习一些必要的训练方法，在训斥爱犬时才能恰当又有效。因为如果只是一味地发泄自己的愤怒，是没有任何意义的，狗并不能理解你的真正用意。

养狗一共要花多少钱

想要养狗，光有爱没有钱是远远不够的。

从狗粮到护理再到打扮，要花钱的地方可不少

决定养狗就要对它的一辈子都负起责任来，要给它有质量的生活，必定会花费不少的财力物力。虽然吉娃娃的食量非常小，但是长期不间断的狗粮同样会成为家庭开支的一部分。同时，吉娃娃不耐寒暑，冬夏季在家时都需要一直开着空调，也会花费不少的电费。

吉娃娃还是人们乐于去打扮的犬种，主人可能还得花钱给它买衣服。其他还有狗床、脖圈、专用手提包等等，都会相应地花费不少的钱。

不可忽略的还有医药费。现代社会犬类的平均寿命普遍延长，需要带狗去宠物医院治疗的情况也比从前多。如果必须住院或长期治疗，那么医药费也将是一笔不容小觑的开销。

给您添麻烦了

若是干扰了别人的生活，主人有可能要支付赔偿金

现实生活中因狗的叫声使旁人抱怨不断，甚至发展成邻里纠纷的例子并不罕见。如果狗的叫声的确超出了正常范围被判定为噪音骚扰，主人就需要支付赔偿金。所以，为了避免干扰周围的人，引发邻里纠纷，主人平日里就应该在狗的管教方面多下功夫，培养出一只听话的乖狗。

养狗的基本开支

准备时期

- ●购买幼犬的费用
- ●必备物品的费用

幼犬的价格各有不同,但大多都是相当昂贵的。加上日常必备的用具,比如栅栏、专用厕所、牵引绳等,还有幼犬身份登记、疫苗接种、体检等费用,最起码也得做出约2000元的预算。

月开支

- ●狗粮的费用
- ●专用纸巾的费用

狗粮、零食以及专用纸巾等都是每天必备的消耗品,一定要估算在每月的开支里面。狗粮的品种有很多,想要买优质的狗粮,费用也会相应地高出许多。同时,玩具和沐浴液之类的也需要规划在预算之中。

※ 本开支根据中国国情稍作改动。

年开支

- ●年检及管理服务费
- ●狂犬疫苗费用
- ●寄生虫疫苗、综合型疫苗费用
- ●跳蚤与虱子的预防费用

养犬登记证需每年年检1次,并缴纳相应的管理服务费。
每年带狗接种狂犬病疫苗,是宠物主人必须履行的义务。通常还得让狗接种综合型疫苗和寄生虫疫苗,并加上预防跳蚤与虱子的药物。上述费用约需准备500元,基本都一起支付,所以要提前做好准备。

带爱犬一起出行的费用,也要纳入预算

要说有且仅有一次的大手笔开销,应该就是绝育手术了。

喂养吉娃娃,常会有很多带它外出的时候。每次外出时的交通费、住宿费以及参加各项活动的费用也是不容小觑的。

如果幼犬还未学会到正确的地方上厕所,常常弄脏地毯或沙发,主人就得将弄脏的东西送去干洗店清洗,甚至不得不更换新的家具。对于这些突然增加的开销,建议大家还是提前做好心理准备。

合理利用宠物保险吧

动物医疗原本全是自费支付,一旦住院或者做手术就是笔巨额开销,但是现在宠物保险变得越来越完善。只是有的保险公司会对狗的年龄有限制,每家公司的报销额度也各有不同。所以在买保险时,要多家对比、斟酌,为爱犬选择最合适的保险。

与值得信赖的宠物医院建立良好的沟通关系

宠物医院无疑是最有安全感的，能够对狗健康方面的问题提供全面而专业的咨询解答。

向医生描述爱犬病情的时候，一定要详细具体

关注爱犬的健康状况，一定要找到一家随时都方便前往的宠物医院。不妨借着接种疫苗与健康检查的机会观察一下，若值得信赖，便可请求那里的医生担任爱犬的专职健康顾问，在出现意外的时候及时求助，这无疑能给主人带来最大的安全感。

但是，无论医生的医术多么精湛，若离开了狗主人的积极配合，诊断与治疗都难以进行，因为只有主人才最了解狗的情况。在关键时刻，一名称职的主人要能准确地说出狗进食与排便的次数，与平时有何异常等，描述要详细具体，像"一直以来都是……但这两天却开始……"这样，不能简单地说"感觉狗精神不太好"。

狗生病治疗的过程其实也与人类的极为相似，近几年，患者听取第二诊疗意见的现象已经变得很普遍。如果在一家医院治疗迟迟见不到效果，可以考虑带爱犬换一家医院进行咨询和治疗。

选择一家24小时营业的宠物医院，在紧急时刻也能及时获得帮助。

优质宠物医院的挑选要领

- 解释详细、易于理解
- 值得信赖合得来
- 与专业机构有交流、合作

除了技术与设备，与医生的和谐相处也很重要。要充分考察医生是否能耐心解答疑问，员工是否真心地关爱狗以及医院的氛围是否人性化等。同时，医院与家的距离也不可太远，要方便及时前往。

每年要带我去体检一次哦！

犬类的生长速度比人类快4倍，定期体检对它们有重要意义

犬类的生长速度比人类快得多，在它们年满1岁以后，每成长1年相当于人类成长4～4.5年，因此，患病的年龄也比人类要早很多。为了有效地防治疾病，主人应该定期带狗去体检，成年犬最起码每年要体检一次，而中高龄犬建议每半年就体检一次。

体检的项目可能每家医院各有不同，但最基本的项目都是验血，通过验血报告可以判断狗内脏的功能。如果也能验一下尿液与大便，就可以更放心了。体检的医院一般同时开设门诊，在体检的时候，还可以把平时很在意的问题统统向医生咨询一番。

有的医院还能给犬类拍摄胸腹部的X光片，以及做心脏与腹部的B超检查。主人可以根据爱犬的身体状况来决定是否检查。青壮年的狗一般不是必须做这样的检查。

不要让爱犬讨厌医院

对于警戒心极强的吉娃娃来说，光是把它放在医院的问诊台上都会让它极度恐慌。所以主人应该在平日的生活中就开始训练它，比如带它参加宠物医院开办的培训班，或是去医院买宠物专刊时也把它带上，多找机会让它适应医院的氛围。在每次看病结束后，别忘了及时表扬它："表现得真棒！"这样便能给爱犬增加信心与勇气。

犬类与人类的年龄换算

吉娃娃（小型犬）的年龄	换算为人类的年龄	吉娃娃（小型犬）的年龄	换算为人类的年龄
1个月	1岁	8年	48岁
2个月	3岁	9年	52岁
3个月	5岁	10年	56岁
6个月	9岁	11年	60岁
9个月	13岁	12年	64岁
1年	17岁	13年	68岁
1年半	20岁	14年	72岁
2年	23岁	15年	76岁
3年	28岁	16年	80岁
4年	32岁	17年	84岁
5年	36岁	18年	88岁
6年	40岁	19年	92岁
7年	44岁	20年	96岁

※大致估算。

生育繁殖问题要咨询专业人士

优质的繁育是维系犬类纯正血统的头等大事，一定要慎重对待。

伴随着重要使命的生育活动，一定要听从专业人士的指导

多么想就这样一直看着这些可爱的幼崽啊，它们的身体中正流淌着爱犬的血液哦！有这种想法的主人一定不少吧！爱犬与幼崽的关系看似简单，但犬类的生育繁殖却是必须慎重对待的大事。

母犬在生育过程中必然面临着风险。体型细小的吉娃娃，也是极易出现难产的一个犬种，在生产时

有可能遭遇各种意外，同时，为一胎出生的多只幼犬寻找各自的新主人也不是一件容易的事情。

狗的生育繁殖应该以维系纯正血统为前提。也就是说，在为爱犬配种时就必须重视它与配种对象的血统是否匹配、是否符合纯种延续的标准。

在爱犬生产前期，主人应做好相应的准备，并提前联系专业的吉娃娃饲养员以便寻求指导。还应该充分了解相关知识，比如接生、幼崽的护理方法等，陪同爱犬以最好的状态去迎接它的宝宝。

有的狗不适合进行生育活动

有的狗不适合进行生育繁殖，因为怀孕与生产会给它的身体带来沉重负担，所以只能选择绝育。主人要理智地接受这一事实，并帮助爱犬远离配种活动。

以下情况不适合生育：
- 为了保证血统纯正被严令禁止
- 有遗传疾病的隐患
- 体型过小
- 生病

给狗施行绝育手术看起来好可怜，但事实真是这样的吗？

在人们的观念里，施行绝育手术似乎很残忍，因为它会让狗失去明显的性别特征。但持续的性冲动其实会给狗带来许多烦恼。通过施行绝育手术，不仅能让狗一年四季都远离性冲动的支配，还能预防生殖系统的疾病。虽然手术中的麻醉会有一定的风险，但是现代兽医技术不断提升，基本上可以说是非常安全的。主人应该在确定爱犬有无生育需要的基础之上，慎重考虑是否为其施行绝育手术。

绝育手术会花钱？

各家医院所需的费用有所差别，手术方法也有很多种。雄性通常会比雌性花费少一些。

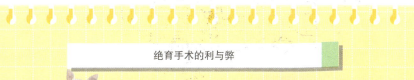

绝育手术的利与弊

母犬

有利之处
可以有效预防母犬所特有的疾病，如子宫肌瘤、卵巢囊肿与乳腺疾病等。这些都是可能带来致命威胁的疾病，随着年龄的增长，一旦发病，治疗的过程会让狗难以承受。对于不需要爱犬产崽的多只共养家庭，给狗施行绝育手术无疑能带来最大的便利。同时，还能免去母犬在发情期时子宫出血带来的麻烦。

不利之处
受荷尔蒙分泌改变的影响，狗容易变成易胖体质。所以在实施了绝育手术以后，主人应该更加重视爱犬的体重管理，它可能需要比从前更为合理的运动与日常饮食。

公犬

有利之处
有效减弱性冲动带来的亢奋感，不良表现如下：食欲不振、持续兴奋导致的体力透支、随时随地的骑跨行为以及攻击性强等。绝育手术不但可以帮助主人免去"不知道从哪里又冒出了自家狗的幼崽"的烦恼，而且还能降低狗患上前列腺增生、阴囊囊肿以及一切与雄性荷尔蒙有关的疾病的可能性。

不利之处
在实施了绝育手术以后，狗通常都会变成易胖体质，公犬的攻击性会明显减弱。但公犬因为个体差异，发生的变化也不相同，有的可能变得更加安静，有的却变得难以相处。

第1章 吉娃娃的魅力

第2章 饲养前的准备

第3章 幼犬的饲养

第4章 成年犬的饲养

第5章 和爱犬一起生活

专栏 **2**

注意带狗驾车时的突发意外

在带狗外出的时候，自己驾车能够随时调整前进的速度，是十分便捷的出行方式。但若是从未有过乘车经验的狗，可能会害怕车内的特殊气味或噪音而拒绝乘车。因此，想带狗乘车是需要付出许多努力的，先从熟悉车内环境开始吧。可以让狗与主人一起在车内惬意地待一下、吃吃零食。过一会儿再发动引擎让它适应这种声音。如果狗成功地接受了这些尝试，就可以带它乘车先在家附近转一转，再慢慢地拉长行车距离。

但是，由于吉娃娃体重特别轻，加上犬类难以抵挡汽车发动时的惯性影响，会比人类更容易晕车。在行车过程中为了安全起见，应该把狗装进手提箱里，或者是为它系上专用安全带，固定住它的身体避免剧烈晃动。

带狗驾车时，当然还得留心一些难以预料的突发事故。比如没有做好防晒可能导致狗中暑，还有在停车休息时，常常一开车门狗就冲出去撞到他人的车上，为了避免这样的意外发生，中途想要下车休息时，主人应该先给狗套上牵引绳，在握紧牵引绳的同时把它抱在怀里，一边观察车外环境，一边慢慢地下车。

第3章

幼犬的饲养

幼犬期十分关键，日常护理、玩耍、交流都有秘诀，
在这一时期教会它各种事情吧！

教给幼犬人类社会的规则

教养是人与狗和谐共处的必要条件。

为使狗在人类社会中自在生活，要教会它分辨好与坏

教养其实是教狗学会必需的规矩，好让它在人类社会中生活得更美好。如果没有经过人类的管教与训练，狗不能判断一件事情该做还是不该做。所以说，教养既是为了不给周围人添麻烦，又是为了狗自身的进步。若没有良好的教养，狗只会做出不好的举动而招致训斥，对它来说，没有什么事情比这更苦恼。

吉娃娃是极其好强的一种犬类，如果一味地宠溺它，会让它变得任性不听话，一旦变成这样就很难再纠正了。所以，主人一定要负起责任来，从幼犬时期就开始好好管教它训练它，相信爱犬，它会做得比你想象中更优秀。

在幼犬期最适合训练主动记忆和被动记忆

幼犬期对于狗的身心发展都是极为重要的。这个时期的狗对事物大多都能柔和地接受，所以不会抗拒主人的管教和训练，记忆力也可谓超强。吉娃娃拥有强烈的好奇心，只要是以陪它游戏的方式来进行训练，肯定任何事情都能学会。

好像不能那样做哦！

嗯，真的吗？

最有实效的训练

眼神交流

首先让狗记住自己的名字吧。温柔而清楚地叫它的名字，同时注视着它。如果幼犬跑过来，并以相同的眼神看着你，那么眼神交流就成功了。多次练习以后，只要听见主人的呼唤，狗就能立刻做出回应。另外，眼神交汇还能加深彼此的信任，更是一种直达心底的交流。

不行与可以

要在狗刚做了坏事的那一瞬间，及时地教训它"不可以"。主人应该冷静地以简洁的口令告诉它做错了，但不可太过于情绪化。有效的训斥最重要的一点是要在事发当时，因为一旦错过了时机，狗就会感到困惑，不明白你为何训斥它。同时，在狗听从指令表现良好的时候，应该及时地抚摸它的脖子或头部给予表扬："乖狗狗，好样的！"

坐下与趴下

对于犬类来说，人类社会充斥着各种新鲜好玩的事物。但在外出时，无论主人还是旁人都希望狗安分听话。只要让狗学会听懂"坐下"的口令，即使它处于兴奋状态中也能立即安静下来。在成功学会"坐下"口令后，还可以尝试"趴下"口令的练习。因为俯卧状态的狗想要变换其他动作需要花点时间，也就更能保持冷静的状态。

第1章 吉娃娃的魅力

第2章 饲养前的准备

第3章 幼犬的饲养

第4章 成年犬的饲养

第5章 和爱犬一起生活

征求家人意见后再布置房间

为了让爱犬熟悉每一位家庭成员的口令，要统一制定大家都知晓的规则。

家庭成员使用统一的训练方法

在开始训练狗之前，应该制定出自家专用的方案。分明是同一个动作，但有的人训斥有的人却默许，必然会混淆狗的分辨能力，甚至可能导致它不再听从家人的指令。

"不可以乱咬乱叫"这样的规矩是每个家庭的狗都必须遵守的，但自己家专用的家规就可以因地制宜了。比如"是否能上沙发"这样的规则就需要家庭成员统一意见，再让爱犬长期遵守。与此类似的还有奖励和训斥时的口令"可以""不可以""不行"等，仅一字之差都可能增加它理解的难度，所以也要与家庭成员商量用统一的口令。

在有小孩子的家庭中，大人们常会把训练狗的任务交给小孩子："它是你养的狗，所以要负起责任管教它哦。"的确，小孩子是应该帮助大人分担一些照顾狗的任务，但对于敏感又细腻、对主人一根筋的吉娃娃来说，一位值得信赖的成年人是必不可少的，训练狗应该以家长为主。另一方面，狗或许只把小孩当成朋友，而不是真正的主人。

所以在面对养狗生活时，大家应该更多地以一种"家里多了一个小孩"的心态去与爱犬相处。

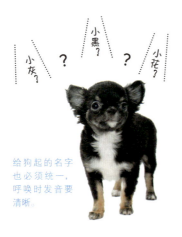

给狗起的名字也必须统一，呼唤时发音要清晰。

专用厕所放在哪里比较好呢？

在幼犬着急要排便时，能够被它迅速找到的地方就是最理想的。应该放在同一个房间中离栅栏不远的地方，一旦决定了放置地点便不可随意更改。绝不可以选过于昏暗和嘈杂的地方。

房间里潜在的威胁

若是把吉娃娃的幼犬独自留在家中，回家后可能会发现"家里像进了贼一样"。吉娃娃好奇心极强，常常把家里翻个底朝天。这就特别需要主人们引起注意了，因为狗在胡乱啃咬时可能会将对身体有害的物品吃进肚子里，在换牙期也会因牙龈痒痛而看见什么都想撕咬，从而导致误吞东西的意外。所以，主人一定要把胶圈、别针和药品之类的东西都收拾好，放在狗够不到的地方。还应该给插座加上防护盖子，以免触电。

另外，吉娃娃细小的身体容易卡进家具之间的缝隙里出不来，所以还得把那些有安全隐患的缝隙都排除掉。

室内环境需要注意这些问题

窗户

幼犬看见窗外有小鸟飞过，或许会兴奋地想要扑过去；外出玩耍有可能迷路，忘记自家的房子是哪一间。为了避免发生这些意外，可根据情况在窗户上挂上窗帘。

空调

注意不能让栅栏正对着空调出风口，避免让狗感觉太冷或太热。

沙发

幼犬爱在沙发上跳来跳去，如果跌落可能导致骨折等事故。对幼犬来说，低矮的沙发才是最好的。

地板

狗在木地板上行走容易滑倒，这是引发关节和腰部疼痛的主要原因。为了安全起见，买一张舒适防滑的地毯铺在房间里吧。

家具

幼犬在行走时平衡感欠佳，容易摔跤撞到家具的转角处，所以应该选择转角圆滑的家具，即使不小心撞上也不会有大碍。

成长发育期一定要摄入足够的营养

合理饮食才能为发育尚不完全的幼犬补充体力，充足的营养是最重要的。

幼犬时期为了预防低血糖症，可以在餐具中一直装满食物

为幼犬选择市面上销售的专用狗粮。从幼犬出生直到2~3个月，要用40℃左右的温水把狗粮泡软再喂给它，还可以用幼犬专用牛奶代替温水，非常方便。

在狗成长到5~6个月的换牙期，每天需要进食3次。换牙期过后就可以在2次进食之间喂一些零食，再逐渐改为每天喂食2次。主人还应该随时观察狗的大便，如果大便过硬就要增加食量，如果大便过软过稀则需要减少食量。

吉娃娃的幼犬还特别需要注意低血糖症，因为它们体型细小、食量也小，所以患低血糖症的可能性极大。若不尽早发现及时治疗，很有可能带来生命危险。为了预防低血糖症，不可让它空腹太长时间。所以，在幼犬时期，建议主人把狗粮一直装满餐具，方便它多次进食。食量较小的狗在成长到7~8个月以前，可以一直以这样的方式来进食。

幼犬刚到家时，应该先喂它与以前相同的食物，并观察它的状况，循序渐进地添加和更换狗粮。

绝不可以喂狗吃的食物
洋葱和巧克力是绝对禁忌

以洋葱为首的葱类蔬菜会破坏狗的红细胞，严重的甚至导致死亡。巧克力对狗的心脏和中枢神经有不良影响，绝对禁止喂给狗吃。鱿鱼和虾之类的海鲜、味道很重的刺激性食品也是绝对禁忌。还有盐分很重的培根、糖分很重的葡萄与葡萄干，都请不要喂给狗吃。

puppy food

QA

幼犬期的饮食小知识

1 干型狗粮与半湿型狗粮有何区别?

干型狗粮较为便宜,还能起到磨牙的作用,还有一大优点是可以一整天放置在餐具中。与之相对的半湿型狗粮优点也不少,比如柔软,即使是牙齿发育不完全的幼犬也能轻松地食用。无论准备喂哪种狗粮,都要选择能为幼犬成长发育补充足够营养的优质产品。

2 该何时终止喂食泡软的食物呢?

吉娃娃的牙齿大都比较脆弱,如果只喂幼犬吃柔软的食物,就不能锻炼牙龈与下颌骨,从而导致它的咬合能力变得低下。所以,喂食泡软的食物不能超过3个月,之后需逐渐更换成未浸泡过的干型狗粮。另外,啃咬稍有硬度的食物还能帮助狗清除牙结石。

3 怎样更换狗粮?

幼犬刚到家时,应该喂食与以前相同的食物,包括进食数量与次数也要相同,观察它的状况,循序渐进地添加和更换狗粮。如果毫无过渡,直接更换为狗从未吃过的食物,可能会对它的身体造成损害。要在狗适应了新环境2~3周,确定它没有拉肚子、稀便或者呕吐以后,再逐渐添加新的狗粮,直至完全更换。

4 食量这么小能把它养好吗?

虽然吉娃娃很嘴馋,但多数狗的食量却很小。尤其是幼犬时期的吉娃娃体力非常柔弱,为了避免它因为虚弱而摔倒,无论如何都要设法让它张嘴吃一点东西才好。若它对食物表现得毫无兴趣,可以在它的上颚处涂一些花生酱或奶油之类的,在它无意中尝到了美味以后,一定就会好好进食了。

5 突然不吃东西时该如何应对?

如果某一天狗突然不吃东西,就要考虑它是不是身体不舒服了,应该及时带它去医院看医生。当然也常常会有狗因为环境的变化带来的不适而食欲下降。这种时候,主人应该多花些心思,可以在平时常吃的食物中添加香浓的肉汤来提起它的食欲,还可以喂它一些爱吃的酸奶和肉之类的作为特殊照顾,来帮助它渡过食欲不振的时期。

6 除了市面出售的狗粮,自己亲自制作的食物也很有必要?

漫长的养狗生活难免遇到各种困难,单是在饮食方面就会有许多棘手的问题。比如在生病期间狗只能吃某种特定食物,以及在地震灾害时因为买不到狗粮,也会吃不到平时吃的食物。但如果从小就让狗吃惯各种类型的食物,遇到此类意外便不会太过煎熬。所以说,不论是干型狗粮还是半湿型狗粮,或是自制的食物,任何类型都该喂给狗吃,让它充分适应多元化的饮食生活。

通过愉快的散步放松精神

盼望已久的初次散步。一点点地习惯，让狗体会散步的乐趣。

对于幼犬来说散步即是生动的社会体验

吉娃娃是小型犬，对运动量的要求并不高。但是，因此就认为它们连散步都不需要绝对是错误的观点。吉娃娃骨子里就是贪玩好动的犬种，主人应该从幼犬时期就开始培养它散步的习惯。适量的运动不仅能让它的身体更健康，还能让吉娃娃灵活矫健的行动魅力得到最完美的展现。

尤其是幼犬，散步即是最生动的社会体验。五花八门的味道、未知的人类和犬类，外面的世界充斥着太多新奇刺激的事物了。每天散步，就能让爱犬与这些未知事物充分接触。

先要完成各类疫苗的接种才可以开始第一次外出散步

外出散步还有振奋精神的作用。

需要注意的是带狗外出散步的时间。若是还没有完成各类疫苗的接种就带它去散步，会有感染疾病的危险。在2次（有的医院要求3次）疫苗都接种完成、并观察2周得到宠物医生的许可后，再带狗尝试初次散步。散步时主人可以尽情地把爱犬打扮得漂漂亮亮的，给它戴上适合的脖圈与牵引绳，享受无比的乐趣。

在爱犬能够潇洒自如地跟随主人散步以后，它会更加从容地面对未来的一切。即使是到从未去过的地方，也不会表现出迷茫和恐惧，而是尽显它自信的风采。

如果没有养成散步的好习惯，整天宅在家里，狗也会变得懒散颓唐。主人一定要行动起来，带爱犬散步，让它体会运动的乐趣。

接种第一次疫苗以后可以这样做

只要不让狗接触地面，是可以抱着它在家附近走一走看一看的，这对于接下来即将开始的正式散步也是一种很好的铺垫。外面的风景和各种味道，所有的一切都是那么新奇，无时无刻不在挑逗着幼犬愈发膨胀的好奇心。

先在家中练习使用牵引绳

初次外出散步前，应该先在家里给狗戴上脖圈让它适应。如果它对脖圈有抵触，可以先用普通丝带试试看。狗在进食的时候，注意力集中在美味的食物上，若是此时试着轻轻给它戴脖圈，说不定一次就能成功。在它习惯了脖圈以后就可以开始在家里做牵引训练了。主人要一边与它视线交汇一边对它说："快跟上！"再配合轻轻拉动牵引绳。要耐心多练，刚开始，即使狗呆立在原处不动，也不能强行拉它。经过多次练习，当狗逐渐适应了牵引绳，那就带它勇敢踏出散步活动的第一步吧。有的狗对初次见到的世界感到惶恐，或许会举步不前，对此主人千万不可着急。应该以淡定和鼓励的语气叫它的名字，慢慢地陪它迈出第一步，逐渐让它体会到散步的乐趣。

把用具规整地收拾在散步时使用的专用袋子里

如果狗在散步途中排便了，主人应该立即拿出清洁工具来打扫，有时可能还会需要换衣服。所以，应该将必需的用具整齐地收拾在袋子里，以便拿取东西时能一目了然。另外还应该把手电筒和诱导玩具之类的用品也收在袋子里，以备不时之需。带上装备齐全的袋子，能让每次散步都有条不紊，更能避免给邻居和旁人添麻烦，大家也都会纷纷称赞你是一位合格的、高素质的宠物主人。

适当改变路线，让狗积累更多经验

初次带狗散步，应该选择晴朗的天气，去公园等车流量较小的地方。

吉娃娃幼犬体力极弱，骨骼发育也不完全，所以，从出生后到5～6个月不必进行真正意义上的散步。如果狗狗陷入散步乐趣无法自拔，出去了就不想回家，主人一定要当机立断，时间到了立即带它返回。

在狗适应以后，可以慢慢增加和改变散步路线。哪怕只是在平时直走的小路上拐个弯，都会让狗感觉到焕然一新的世界。还可以逐渐扩大散步的范围，去更宽的柏油马路、带有草坪的公园或者人声嘈杂的地方，都能锻炼狗的适应能力，让它以后从容应对各种新环境。

对体型细小的吉娃娃来说，繁华的大街是极易遇到危险的地方。为了避免发生意外，在车流量大的地方主人应该把它抱在怀里，而在人群拥挤的地方则可以把牵引绳收到最短，让狗贴着自己的身旁，安全地随行。

虫虫，你好！

带着爱犬一起散步，更能增进彼此的感情。

让爱犬适应各种各样的声音和物品

● **自动贩卖机的哐当声**

因为那是自然界所没有的声音，所以犬类对这类声响总会没来由地感到恐惧。主人可以多给爱犬机会来观看自己买东西的完整过程，让它知道这个大家伙并不是什么可怕的东西。

● **鸣笛声等**

犬类对救护车的鸣笛声和雷声之类的声响也容易害怕。在出现上述声音时，主人可以把爱犬抱在怀里，并告诉它、使它自己领悟到：原来这些声音也并没有那么可怕！

● **下水道的井盖**

嗅觉灵敏的犬类能够闻到井盖散发出的铁锈味，爪子踩在上面的感觉也很不好。主人应该花些心思，把小零食放在井盖上面诱导狗，拉过它的爪子轻轻触碰一下，帮助它克服恐惧感。

● **自行车的铃声**

爱犬可能会因铃声的惊吓而狂吠起来，进而吓到骑车的人导致摔伤等意外。所以，主人在看见爱犬狂吠征兆的时候，要立即发出"等一等"口令命令它冷静下来。如果它乖乖听口令了要及时奖励它，以后就能表现得更棒。

散步也要遵守规矩，防止狗突然扑起

最容易引起邻居和旁人不满的，应该要数犬类随地大小便的不文明行为了。就因为那些素质低下、任由自己的狗在别人家门口和花坛里大小便的狗主人，养宠物这件原本有意义的事才招致了世人厌恶的眼神。最好的解决办法是训练狗在自家的专用厕所里大小便，如果实在难以办到，也应该在带狗外出时随身带好纸巾等清洁用品，及时把它的大小便清扫干净。

个性好强的吉娃娃在习惯了每天散步以后，常常会朝着身旁经过的狗狂吠示威，这种时候如果主人为了制止它而把它抱在怀里，往往会适得其反。因为把体型细小的吉娃娃抱起来增加了它的高度，反而会让它误以为自己地位更高，继而更加耀武扬威、狂吠不止。所以，为了安然渡过这种时候，主人要训练爱犬乖乖地听取"坐下"口令，让它学会克制自己的情绪。

对 于 这 些 情 形 该 怎 么 办 才 好 呢？

因为惶恐而坐着不动

散步途中可能会经过狗不愿意去的地方，狗一到那里就会变得惶恐不安，或许还会拒绝继续前行，赖着要主人抱。在这种时候，主人要小心理智地处理，可以喂爱犬一些小零食帮助它平复内心的恐惧。在狗赖着要主人抱着的时候，应该一边耐心地鼓励它，一边陪它前进几步，慢慢地找回散步的乐趣。

糟糕！被小孩包围啦

吉娃娃所到之处必然吸引众多的目光，因为它实在是太可爱了。犬类特别容易抗拒那些动作冒失的小孩。在有很多小孩的环境里，主人应该先把狗守护在怀里，然后教孩子们一些与狗相处的方法。可以拉过小孩握成拳头的小手，放在狗的鼻子前，让它闻闻新朋友的味道，在成功地问好打招呼以后，再让小孩伸手抚摸狗的下巴和脖颈部位，抚摸这里会给狗带来舒服亲切的感觉。

太可爱啦！

与小孩第一次的接触也常常是决定狗个性的关键，未来它会是一只害怕小孩的狗，还是一只受小孩欢迎的狗，全在于这一次！

怎样让狗不认生

从幼犬出生到13周左右，是顺应能力超强的时期。

认识社会不够，狗也会倍感压力

认识社会即让犬类适应与人类共处生活，熟悉人类社会中的一切事物。社会里的一切包括别的犬类、家庭成员以外的人和初次见到的事物、接触到的环境等，也就是狗身边的一切存在。

吉娃娃大多都特别敏锐，警惕心极强。主人要培养它稳定自己情绪的能力，让它充分认识社会，这对养狗生活极为重要。

若不能很好地认识社会，哪怕再微小的事情都会让狗提心吊胆，即使是迈出家门一步这样的事也会觉得困难。如果爱犬变得如此胆小懦弱就太可怜了。

从幼犬出生到13周左右是它们认识社会最好的时期。因为这个时期的狗好奇心极强，易于接受各种事物。在此之后，警惕心常常会占据上风。所以主人们一定要格外重视这个既宝贵又短暂的阶段。

但是，过早地让幼犬离开母亲和兄弟姐妹也会给它带来不好的影响。因为幼犬只能通过和兄弟姐妹嬉闹来学习如何与犬类相处。所以，在它们成长到7~8周之前必须待在母犬的身边，最好到12~14周以后再离开母犬去新主人家中。

但即使是过了13周，幼犬的顺应能力也仍然很强，主人应该继续给机会让爱犬熟悉周围的一切，积累更多经验，好让它从容又自信地面对未来的生活。

一定要努力哦！

幼犬时期对社会的认识，决定狗的一辈子？！

幼犬时期的经历很大程度上影响着狗的性格。比如讨厌和恐惧，极易给它们留下心理阴影。几乎可以说，这转瞬即逝的经历决定着狗的命运。它是长成一只备受宠爱的乖狗，还是一只任性胡闹的狗，未来的生活有何收获，在这个时期就埋下了伏笔。

轻 轻 松 松 地 认 识 社 会 ！

让狗对人类不认生

让狗尽可能地与更多人接触

在散步的途中，在不给人添麻烦的情况下，拜托陌生人抚摸自己的狗，或是请朋友来家里做客，拜托朋友喂它吃零食，还可以特意制造机会，让更多的人与它接触，比如小孩和身材魁梧的男士等。如果条件不允许，可以拜托同一位朋友，请他戴上帽子或者换一身衣服，来装扮成陌生人。

让狗对犬类不认生

带狗去参加聚会，多去犬类较多的场所

利用外出散步和去遛狗场等机会，让狗多接触其他犬类。专为锻炼幼犬处事能力而开办的训练营和小狗托管所也是不错的选择。但是，那些太早就离开了母亲和兄弟姐妹的幼犬或许并不懂得如何与其他犬相处，需要主人多花一些精力了，绝不可把它丢在幼犬群里自己却在一旁不管不顾。

让狗去熟悉那些形形色色的事物

让狗接触一些前所未见的事物，积累更多的经验

无论是声音、气味还是动作，在狗可能对其产生抗拒之前要有意识地让它去接触。如果狗的警惕心太强，主人可以先把它抱在怀里，陪着它慢慢地接近并逐渐适应，同时别忘记及时表扬它的每一个进步。绝对不可强迫它，因为那可能给它带来心理阴影。如果主人能够淡定冷静地陪着爱犬战胜困难，那么，相信它一定会用无限的惊喜来回报你。

日常打理可使狗更加健康漂亮

无论是为了狗的外形还是健康着想，日常的打理都必不可少。

为了能顺利地给狗日常打理，首先要把它训练成一只乖巧的狗不介意你抚摸它的身体才行。平时玩耍时，可以捏捏它的爪子，或是让它仰卧着给它的肚子挠痒痒，无论主人抚摸它身体的哪个部位，都不该产生抵触的情绪。

被毛梳理是最常见的日常打理活动之一。尤其是长毛犬，为了防止它的被毛打结，每天都必须细致地梳理被毛。在换毛时期，即使是短毛犬也需要每天不间断的梳理。为什么这样说呢？因为短毛犬的被毛虽然长度比不上长毛犬，但是数量却比长毛犬要多得多。经过精心梳理过后，长毛犬的被毛轻盈飘逸，短毛犬的被毛富有光泽，看起来健康又漂亮。

幼犬时期狗的被毛还没有完全长好，所以可作为被毛梳理的适应阶段。先用梳子或毛刷轻轻地触碰狗的身体，让它慢慢适应这个新鲜的玩意儿。如果第一次接触毛刷狗就表现出抗拒，应该改时间再尝试，切记不可强行操作。

从什么时候开始给幼犬日常打理？

幼犬刚来到家里时对一切仍很陌生，若是突然给它做日常打理会让它心生恐惧难以接受。要在得到了狗的充分信任、与它相处融洽以后，再让它适应浴室的环境和各种打理用具，如梳子、吹风机、牙刷等，用舒缓的节奏，逐一增加护理的类型。

梳理被毛的正确顺序

硅胶毛刷柔软舒适

梳理腹部的被毛时，托住狗的前腿让其保持站立姿势就好操作了。

长毛犬胸前长长的被毛是最容易打结的。

用梳子轻柔地梳理各个部位的饰毛吧。

（1）首先让狗接受毛刷

可以把狗抱在怀里，用梳子或毛刷先梳理离脸部较远的身体部位，比如臀部。主人要一边看着狗的眼睛一边鼓励它"真是只乖狗狗！"来化解它对毛刷的恐惧感。

（2）被毛打结的处理

在成功完成（1）的内容后就可以开始正式的日常打理了。若是长毛犬，应该先用梳子耐心地处理打结的被毛。要多梳几次，如果被毛缠绕着梳子不动，则要慢慢地拿掉梳子，先用一只手捏住被毛的发根，再用另一只手的手指轻轻地捻掉打结的被毛。如果使劲拉扯可能会将被毛连根拔起，千万不能这么做。

（3）梳理全身的被毛

首先应该逆着被毛的生长纹路，从上至下用毛刷梳理全身的被毛。在全身都梳理过一次后，再顺着被毛生长的纹路重新梳一次。若是长毛犬，第一遍要先顺着被毛的纹路梳理。

（4）足部、爪子和腋下

用手握住狗的爪子，耐心地梳理脚掌和脚背的每一个位置。同样地握住爪子，把腿稍微拉开便能梳理腋下的被毛。尾巴也一样，贴身和外侧的被毛都要梳。梳理臀部时，毛刷要顺着臀部的曲线梳理。而脖子等敏感部位，应该先用手轻抚爱犬过后，再轻轻地用毛刷梳理。

（5）梳理饰毛

长毛犬耳朵、足部和臀部的饰毛需要用梳子来梳理。要耐心地多梳几次，直到被毛全部理顺、一梳到底。

毛刷　　　梳子

让狗习惯这些部位的特殊护理

滴眼药水

不停流泪导致眼睛下方的被毛带有茶色的泪痕，这是吉娃娃的常见病症。如果只用眼药水冲洗眼球但不清洗眼睛周围，眼周的湿润被毛上潜藏的细菌会重新感染到眼睛里。所以在滴了眼药水以后，还需用棉布等护理用品将眼周的被毛擦拭干净。如此每天5次，持续数日以后，泪痕大都会彻底消失。如果迟迟不能好转，就需要去咨询一下专业的宠物医生了。

耳朵的护理

主人要时不时地观察一下，确认狗耳道里面的状况。如果污垢太多，可用棉签或棉布蘸清水或专用清洗液来清理。把柔软的棉棒伸进耳道里轻掏与轻刮都是没有问题的，但是耳道内部的皮肤细嫩敏感，千万不可用太大的力度去剐蹭。耳框的边缘也要认真护理。

眼睛的护理

外出散步回家以后，应该用棉布蘸清水为狗擦拭一下眼眶和周围的被毛，把沾在上面的灰尘和污物清理干净。同时检查一下狗的眼睛有没有被树枝或树叶划伤。吉娃娃的大眼睛特别容易掉入细小的垃圾和灰尘，如果发现了异物，应该用眼药水将其冲出来。冲出异物以后要立即用干净的棉布将眼眶擦拭干净。

定期用沐浴液给狗洗澡，保持皮肤和被毛清洁

如果狗的被毛变脏，身体也散发出臭味，应该尽快用沐浴液给它洗个澡。洗澡不仅能保持皮肤和被毛的清洁，还能有效去除陈旧皮脂和细菌所散发出的体味。

但却绝对不可以频繁地洗浴，以免导致皮脂过少皮肤干燥。平时差不多每2～3周清洗1次即可，在炎热的夏季可以稍微增加洗澡的次数。

在给长毛犬洗澡前，应该先用毛刷把它的被毛全部梳顺，去除打结。

如果第一次洗澡不顺利，导致狗讨厌沐浴液，以后洗澡时想再使用沐浴液就会很困难。所以，要尽量用轻柔的手法给狗洗澡，不能吓着它。在洗完澡以后，应该先用毛巾把水珠擦掉，再用吹风机把被毛彻底吹干。要是被毛没有干透，会使狗感冒或者患上皮肤病。

给狗洗澡时，该从哪开始洗呢？

首先要充分打湿狗的四肢，然后是身体，最后才是头部。为了不让狗对喷出的热水产生恐惧，主人应该手握莲蓬头，慢慢靠近需要清洗的部位，最好一边冲洗一边按揉。或者用另一种方法，即不直接用莲蓬头冲水，而是用海绵蘸水为狗清洗。先打湿全身，再从四肢到头部按照打湿的顺序搓洗，不要漏掉任何部位。

都市型的吉娃娃还要美容？！

在现代都市中，各种以小型犬为服务对象、让人类都甘拜下风的宠物美容院发展得如火如荼。其服务项目可谓五花八门，有使用精油或者泥土等天然材料的全身理疗，还有香薰和艾灸等服务。不禁让人认为"这难道不是满足主人的虚荣心吗"？但若是看看见狗狗享受服务时的样子，你就不会这么想了。接受服务时的狗狗表情会格外陶醉，看起来无比享受，甚至会因为太舒服而美美地睡着。按摩能舒展并放松狗狗的身体，做过发膜的被毛也会更加飘逸，看到爱犬如此享受服务，主人也会十分开心。

小灰灰 生日礼物 送你泥土发膜

太舒服啦！

成为爱犬喜爱的主人

一边打好心理战，一边建立信任感。

成功俘获爱犬的心 非你莫属的秘诀

仅仅通过给爱犬喂食和带它散步，并不一定就能完全取得它的信任。想要使爱犬真正追崇主人需要日复一日不间断地努力。既然极具忠犬气质的吉娃娃已经认定了自己，就应该对它付出更多发自内心的爱，加深彼此的感情。

想要取得狗的信任，最重要的是先尊重狗的感受，在此基础上多陪伴它，并站在主人的立场对其进行训练和管教。在此我们总结出7个秘诀，请主人们一定将它们作为参考，以便未来能与狗融洽地相处。

借助玩具等物品陪它玩耍

狗在玩耍时会出于捕猎的原始本能奔跑、追赶或啃咬，以此来实现自己的满足感。如果主人能放下架子忘我地陪着爱犬玩耍，那么它也会对主人涌现出崇拜之情。最关键也是最重要的是主人要发自内心地陪爱犬开心嬉戏，才能与它相处得更为融洽。

表现良好时一定要及时表扬

在狗表现良好时，主人的表扬会带给它更高的自豪感。有很多主人在爱犬刚学会听"坐下"口令时能及时表扬它，但过一段时间就开始忘记给予表扬，甚至认为狗学会口令是理所当然，对爱犬的表现不做任何反应。这在主人看来并没有太大区别，但狗可能就会感到迷茫和不安了。主人们一定要细心观察，把握住爱犬每一个表现良好的瞬间，及时表扬它，给它最纯粹的快乐。

不能做的事情要严格做出规定

主人若不明确地规定哪些事不能做，狗是很难自己去分辨的。它或许并不理解哪些是不好的行为，却因做了人类认为的错事而被训斥，这会让狗感到无辜和难过。所以，主人要把在家里必须遵守的规则和外出时需要注意的礼节严格地教给爱犬。因为狗最信任的，也正是严父一般的主人。

找准时机，给予奖励

在狗表现良好的时候及时表扬会让它干劲十足，进而更积极地表现来争取再次的表扬。但是，若主人没有做出一副授予奖励的姿态，而让爱犬以为吃到零食是理所当然，就不能树立自己的威信了，聪明的主人在必要的时候也要像个演员那样，摆出架子表演一番哦。

切实的存在感，让它安心十足

狗虽然表面上给人以健康活泼的印象，但实际上是很容易感到孤独的。因此，只要能陪伴在主人的身边狗就会很安心，也会从心底里对给予自己心灵慰藉的主人倾慕不已。

准确地下达指令，告诉它该怎么做

向狗下达指令时应该简明扼要，让它清楚地理解。在狗听从指令表现良好时，只要及时奖励小零食，它便能明白"原来主人是希望我这样去做"。多次重复这个过程，不知不觉就能建立起最融洽的关系了。

定下了规矩就要保持一贯的态度

明明做的是同一件事，但有时被责骂，有时被默许。之前得到了表扬，可这次却什么反应也没有。对于如此立场摇摆不定的主人，狗原本"认定就是你了"的想法也会逐渐淡去。所以说，主人应该以一贯的态度去对待自己的狗。

带狗愉悦地散步
就是增进感情
最好的方式

在游戏中学会规则

从基本的生活细节到与主人相处的规则，陪着狗在玩耍中学习。

通过玩耍让狗掌握与主人相处的方法

吉娃娃好奇心极强，尤其是在幼犬时期特别贪玩好动。沉醉于游戏是狗注意力高度集中的时候，也正是主人可以趁机利用它想"多玩一会儿"的心理，让它多学习规矩的好机会。像"好样的""不行""过来""等等"这样的口令，即使不特殊训练，也可以在玩耍中就逐渐会听会做。

一起玩吧！

幼犬时期玩玩具时，最合适的时长是5分钟左右。

玩耍时只要主人发挥主导作用下达正确的指令，就能有效地培养狗的处事方法了。比如对于爱拖拽牵引绳的狗，主人应该将绳子收得更短紧握在手中，并提醒它冷静跟随不可挣扎。既然在游戏中都能完全掌握主动权，还会担心其他时候控制不了它吗？要相信自己，狗狗一定会乖乖听你的命令。

需要注意的是，吉娃娃幼犬体力薄弱，不能玩耍过长时间。如果爱犬过于在意输赢不愿停下休息，玩太长时间会导致它体力透支而生病。所以主人一定要控制好陪爱犬玩耍的时间，该休息的时候果断说停。

游戏时的规则

●玩具不可以随意乱丢

主人在说出"玩游戏吧"的那一瞬间往往是最迷人的，在爱犬眼中，你一定闪烁着光芒。

●游戏的开始和结束时间，都得由主人来决定

在与狗相处的生活中，占主导地位的始终都是主人。应该计划好每次玩耍的时间，一旦时间到了必须立即收回玩具，让狗冷静下来。

●拿出它最爱的玩具

在必须把爱犬独自留在家中时，主人们可以使出"杀手锏"，把它最爱的玩具递给它，并以关切的话语告诉它："玩具暂时代替我在家陪你，一定要乖哦！"这时，玩具真的是很有用。

●在玩耍中学习规矩

比如说，平时只能在家中规定的区域玩耍，绝对不允许狗跨出门槛一步。在狗学会了这类规矩养成习惯后，即使带它外出旅游，也能乖乖待在规定的地方不到处乱跑。

使用玩具嬉戏

爱犬最喜爱哪种玩具呢？每一种都拿来试试看吧。

狗的玩具主要有两种不同的类型，一种是可以独自玩耍的，另一种则需要主人陪伴它一起玩。前者中有种玩具非常有意思，是把小零食装在里面让狗狗动脑筋取出来，还有啃咬玩具等，后者中有玩具球和比赛拔河的绳子等。但其实，即使不花一分钱也能够陪爱犬开心玩耍，如拿两个纸杯让狗猜哪个装有小零食，它就会玩得十分起劲。所以说，陪爱犬玩耍的方式各种各样，关键取决于主人是否用心。

玩耍时轻抚安慰它

多让狗仰躺在主人的怀中，可以培养它的顺从能力。

用肢体接触来增进感情。主人轻柔地抚摸爱犬时能看见它陶醉而幸福的表情。除了抱在怀里，还可把它放在自己的膝盖上，捏捏它的爪子，翻开它的嘴巴检查一下牙齿。要时常检查和抚摸犬类这些较敏感的部位，让它养成不怕摸的习惯。这样，在洗澡或去医院的时候，它便不会抵触了。

小型犬也必须接受训练

你是一位在爱犬不守规矩、做了错事时持容忍态度的主人吗？

不对吉娃娃严加管教的主人其实会让它失望?

现实中有不少吉娃娃的教养并不好却被人们所接受。令人遗憾的是，人们接受它们没有教养只是因为它们属于小型犬。

那些饲养着大型犬的主人对狗往往都会严加管教，因为在力量抗衡上人类比不过大型犬，所以必须严格训练它们，教它们在任何地方都听指令守规矩。

然而，如果想要制止小的吉娃娃的行动，把它抱在怀里就可以了。即使没有经过严格的训练也能轻易制服它，因此许多主人就对爱犬疏于管教，使它养成了不守规矩的坏习惯。

另外，还有主人把吉娃娃当成了自己的孩子，宠溺它，不忍严加管教，甚至放纵它所有不守规矩的行为。

吉娃娃原本就是个性专一的犬类，经过严格训练，更能随时随地听从主人的指令，大家一定会赞不绝口"真是聪明伶俐的乖狗狗！"但若是没有良好的教养就会任性小气，对自己看不顺眼的事情都心生敌意，非得一争高低。细腻敏感的优点都变成了缺点。如果这些教养不好的狗影响了人们对整个吉娃娃犬种的好印象，不免让人感到可悲和叹息。

所以说，吉娃娃是否能发扬自己的优点变成受欢迎的狗，很大程度上取决于主人对它的管教是否严格。主人要细致用心，在它表现良好时及时肯定和鼓励，它做了错事不可宠溺，要严格地训斥警告。就在这些日复一日的过程中，让爱犬轻松地养成好习惯，变成受欢迎又贴心的美好伴侣吧。

如 厕 训 练 的 三 个 步 骤

1 切勿错过狗想要排尿的时机，要迅速带它到专用厕所

幼犬一般是在刚睡醒时就开始找地方排尿。主人一定要看准这个时机，立即带它到专用厕所。若是狗用鼻子到处嗅来嗅去就是想要排便的暗示了，同样地要迅速带它去找厕所。训练最初狗不一定做得到，但是多次重复后便能逐渐记住专用厕所的位置，不再随地大小便了。

2 如果仍然不成功，可以让狗先去活动活动，过一会儿再带它去厕所

多次重复步骤1中提及的训练，可能会让有的狗在专用厕所中睡着。因为那里面铺着未使用过的纸巾，有的狗特别中意这种质地柔软的纸巾，一趴在上面就会美美地打起瞌睡来。遇到这种情况，主人应该把狗抱起来，去别的地方活动活动，在看见它有便意的时候，再迅速带它到专用厕所。

这下我的小灰灰应该是要尿尿了。

小灰灰！你尿在哪里了？！这里不可以啊！！

3 即使失败了也不可粗暴训斥，要耐心地陪它多做练习

狗记住厕所位置的速度有快有慢，有的即使经过了很多次训练也还是记不住。如果爱犬没有找对厕所，主人一味地凶狠训斥，有可能使它害怕而偷偷地寻找一些不易被发现的地方去排尿，比如床底下。所以说，主人歇斯底里的态度反而会给如厕训练带来不好的效果。主人要用广阔的胸襟对待爱犬，陪它一起努力进步。

吉娃娃易患的疾病

眼睛
- 干燥性角膜炎
- 角膜炎、角膜溃疡
- 泪眼症

口部
- 双排牙

气管
- 气管塌陷

> 为了保证狗的身体健康，对每一个异常情况都不可掉以轻心

在这个狗的平均寿命普遍延长的时代，几乎可以说没有从不生病的狗。

在各种类型的疾病中，有许多都是可以通过有效手段来预防的。退一步说，即使不能预防，若能尽早发现治疗也能减缓病情的恶化，尽快痊愈。因此，为了帮助爱犬预防疾病，或是在发现症状时能让爱犬尽早接受治疗，主人学习并掌握一些爱犬易患疾病的相关知识是至关重要的。

每个犬种都有其特定的易患疾病。为了爱犬的健康与幸福，吉娃娃的主人一定要做出力所能及的努力，学习一些必需的相关知识哦。

眼睛

疾病

干燥性角膜炎

<症状>通常被称为干眼症的一种疾病。吉娃娃的眼球从眼睛向外突出的部分比较多，所以极易发生病变。常见症状有眼角分泌物堆积、眼结膜充血以及反复发作的角膜炎等。

<疾病防治>只要能尽早发现，每天按时滴眼药水和清洗眼睛就能有效治疗。

角膜炎、角膜溃疡

<症状>即角膜的部分区域发生了炎症。通常是因为向内生长睫毛的刺激或者是外伤等，能够列举出的原因有很多种。常见症状有眼结膜充血、眼角分泌物堆积等。

<疾病防治>只要能够尽早地处理，基本上都是可以完全治愈的。

泪眼症

<症状>用一句话来说就是一种不停流眼泪的疾病。因为眼泪过多，眼睛下方被浸泡出泪痕。而因为眼睛下方顽固的泪痕，这一部位又会发生湿疹。如不及时处理任由病情发展，会引起结膜炎或是角膜脱落之类的并发症。

<疾病防治>致病的原因是各种各样的，有可能原因不在眼睛而在鼻子，治疗方法也因病因不同而有所差异，所以，发现狗狗有了泪眼症的症状时，主人必须听取医生的意见，不可自行判断。

口部

疾病

口齿疾病

<症状>通常被称为双排牙，实际上其正确的名称为过量牙，即牙齿数量过多。是指缺钙导致乳牙不脱落，而恒牙未能将乳牙顶掉，即一个牙洞长着两颗牙齿，这在小型犬中尤为常见。

<疾病防治>因咬合不良而极易导致牙周疾病，所以平日要细心观察护理，尽早发现及时治疗。

气管

疾病

气管塌陷

<症状>气管受挤压而发生呼吸困难。发病时一般是呼吸伴有艰难的喘息声，其中也有少数完全不发出声音的例子。严重时狗狗因呼吸困难而不愿意走动，或是烦躁不安，更为严重时则会引起口舌淤青，甚至突然倒地失去知觉。

<疾病防治>症状较轻时通过内科治疗即可痊愈，严重时则需要通过外科手术来进行治疗。

"分离焦虑"并非发泄愤怒，狗也会患上心理疾病

若是把狗独自留在家，回家以后常常会看见它随地留下的大便，同时还"附赠"翻倒的垃圾桶和咬坏的桌脚等。面对这样的场景，会有许多主人将其理解为狗是在发泄被独自留在家时的愤怒，其实并不然，因为狗的世界没有报复这样的概念。

这样的行为很可能是因为一种被称作是"分离焦虑"的心理疾病。因为狗太过于依赖主人，所以即使主人只离开自己很短的时间，也会陷入极度的不安与惶恐，从而做出发抖、随地大小便或是频繁舔吮自己身体等异常行为。

吉娃娃等小型犬种容易罹患的疾病

虽然有些疾病从未听说过，但都是吉娃娃这一犬种需引起注意的。

　　有些特有的疾病并不是只有吉娃娃才会患上，而是与吉娃娃体型细小、骨骼纤细等相似的小型犬都易患的疾病。

　　这些易患疾病，如果放任不管，也会导致病情恶化。因此，主人在平日里应该悉心呵护、观察自己的爱犬，一旦生病要尽早发现治疗。在爱犬生病期间，主人也应该全力付出，为它减轻病痛带来的煎熬。

　　对于某些需要进行外科手术或者长期不间断治疗的疾病，需要的费用也是相当多的。对此应以乐观的态度去克服困难，比如为爱犬购买宠物保险就是一种周全的计划。

唇腭裂

　　先天性的唇腭裂，也就是上腭闭合不全。

　　因为上腭发育不完全，即上腭处有缺损导致鼻孔与口腔相通，患有此疾病的狗很容易被食物呛到。

　　唇腭裂是通过普通的身体检查即可发现的疾病，但是需要通过手术来进行治疗。

肩关节脱臼

　　吉娃娃肩部的关节极为脆弱，易引发疾病。几乎很少听见其他的犬种会患上此病。若是过度的扭伤，或是让吉娃娃从过高的地方跳下都会导致此疾病，发病的概率还是相当高的。

突发性低血糖症

　　通常被称作"低血糖"的一种疾病。常有突如其来的乏力、倒地不起和心跳加快等表现。尤其是在幼犬期发病率较高，会因血糖浓度骤降而引起痉挛和乏力等症状。

　　低血糖症最明显的特征是它的患病时期，通常是发生在刚出生至不满3个月的幼犬身上。低血糖症主要是由饥饿或者腹泻等消化功能紊乱引起的。通常在家即可自行处理，如发现狗出现明显的乏力表现，可以尽快给它补充一点糖水或者蜂蜜水，一般通过这样简单的处理

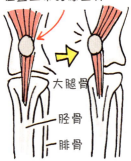

位置正常的膝盖骨

大腿骨

胫骨

腓骨

即能收到明显的效果。

二尖瓣关闭不全

通常是在狗年满7～9岁以后易患的一种疾病。随着年岁的增加，心脏功能开始逐渐衰退，因为心脏的二尖瓣关闭不全，血液无法正常地输送至身体其他部位，而引发肺水肿和呼吸困难等并发症。

常见症状最初为轻度的咳嗽，但每次咳嗽的时间间隔会逐渐缩短。然后可见狗明显变得虚弱，对运动产生抗拒，最后甚至出现全身发紫失去知觉而跌倒等症状。此病症可以通过内科疗法按时服药来进行治疗。

遗传类疾病

吉娃娃的遗传类疾病之中，最常见的有后腿膝盖错位的"膝盖骨脱臼"和股关节变形的"股关节形成不全（HD）"。

水脑症

幼犬刚出生时，头骨的顶端有一处微小缝隙，被称为囟门。通常随着狗的成长，囟门逐渐愈合。但是大多数的吉娃娃都会出现"囟门闭合不全"这样的病症，即使成年了头顶的囟门也不能闭合，即人们常说的头顶有凹洞。

而水脑症就是囟门闭合不全这一病症最常见的并发症。因为头骨顶端的微小缝隙，而导致脑脊髓液的囤积，当脑脊髓液囤积过多压迫脑部就会引发疾病，也就是水脑症。

目前，人们逐渐倾向于认可吉娃娃头顶的这一凹洞。即使它患有囟门闭合不全，但只要没有出现水脑症的症状如走动晃动不稳、运动功能低下以及癫痫等情况，也就不把它当作疾病去看待。

我会和主人一起好好照顾自己，远离疾病。

预防传染病

对于那些一向很可怕的传染病，预防是最重要的一步。

为了放心地面对养狗生活，应该带爱犬去接种疫苗

犬类的传染病都是既难治愈又极易带来生命危险的，相当可怕。虽然这么说，但现代动物医疗技术已显著提高，通过接种疫苗或者口服预防类药物，曾经可怕的传染病如今大都可以很好地预防。比如犬类传染病中无人不知的狂犬病，只要接种了疫苗就能得到有效预防，不必担心狗狗会受到感染。

在每年三月带爱犬去接种狂犬病疫苗的同时，别忘记请医生为它接种以下两种疫苗：犬类综合型疫苗和寄生虫疫苗。为了避免在爱犬发病以后才追悔莫及，主人应该提前计划，在疾病的预防工作上多下工夫。

疾病的四大类型

❶ 传染类疾病
此类疾病通过接种疫苗等预防措施，大都能得到有效的预防（P64）。

❷ 易患疾病
吉娃娃之中常见的疾病类型（P60）。

❸ 特有疾病
相对于其他犬种，在吉娃娃身上发病率极高的疾病（P62）。

❹ 遗传类疾病
通常把犬类身体内因引起的疾病断定为遗传类疾病，但若是只在同一家族血统的狗之中发病，且未能查明原因的，即使是由于内因也不可简单地判断为遗传疾病（P63）。

狂犬病

因感染狂犬病毒而引发，也是有可能传染给人类的一种疾病。如果感染此疾病，致死的概率几乎是100%。包括日本在内的世界各国都在积极地进行着预防工作。

在日本，自1957年有记录以来，虽然从未有过犬类的狂犬病发病记录，但有过其他小动物以及一些从国外回到日本的人类的发病记录。

犬瘟

感染疾病后有各种各样的症状。因为会出现发烧、眼睛分泌物增多以及鼻涕不止等症状，所以发病最初常被误以为只是普通的感冒。随着病情恶化，病毒侵入狗的神经系统而致死的病例不在少数。

犬类传染性肝炎

以受感染病犬的尿液、粪便和餐具等为媒介进行传播的疾病。症状从轻微到严重各有不同。通常有1周的潜伏期，随之会有发高烧的表现。

细小病毒感染

幼犬一旦感染，致死的可能性极高。这种疾病最显著的特征是它的传播力极强。

患病的狗因为突发的剧烈呕吐与腹泻，极易导致脱水等症状。

感染类型主要分为胃黏膜受损引发的肠炎型和心脏功能受损引发的心肌型两种。在日本患病的狗几乎都是受肠炎型病毒的感染。

犬钩端螺旋体病

感染病毒后会引发肾炎，进而导致尿毒症。随着病情继续恶化，会出现呕吐、腹泻和便血等症状。

犬副流行性感冒

通常会与传染性支气管炎病毒等其他呼吸道病毒细菌合并感染。主要由接触病犬的口鼻分泌物传播。有的仅有剧烈咳嗽这一种症状，也有除了咳嗽之外还伴随着食欲不振和精力衰竭的。病程可长达数周，少数的狗会因严重的支气管炎和肺炎等并发症而死亡。

发病多在气温急剧变化且早晚温差较大的季节，主人应该随时注意观察。

寄生虫病毒感染

因蚊虫叮咬而传播的疾病。蚊虫吸食了受感染的犬类的血液再去叮咬健康的狗，就会将病毒传染给它。患病会加重心脏的负担，常见症状有心脏肥大以及肝硬化等。发病的初期表现为轻微的咳嗽，逐渐演变为抗拒运动与急剧消瘦。

狂犬病的预防接种	综合型疫苗	寄生虫病疫苗
<特征描述>预防狂犬病毒感染的药物注射。每年带爱犬去接种狂犬病毒疫苗，已成为法律规定主人应尽的义务与责任。 <时间、费用>在幼犬出生至成长到3个月的时候需要进行第1次疫苗接种，在此之后每年要定期接种1次。如果在当地犬类信息登记中心录入了狗的信息，那么每年接种疫苗时，就能收到各处发出的提醒，可帮助避免主人们疏忽错过爱犬接种的时间。	<特征描述>供选择的疫苗种类有3~8种。可以根据爱犬所处的地区与生活习惯来考虑接种哪几种疫苗。 <时间、费用>大多都是在幼犬出生后2个月左右接种第1次，3个月时接种第2次。在此之后，每年必须接种1次。在带狗去旅馆和遛狗场等公共场所的时候需要出示此类疫苗的接种证明，否则是不允许进入的。	<特征描述>通过口服药物来将狗体内的微小寄生虫卵杀死。但若是寄生在狗心脏部位的寄生虫几乎很难通过口服药物来驱除。 <时间、费用>服药时间因地域的不同而有差异。日本关西以北的地区大致是在每年4月份寄生虫筛查过后，开始每月口服药物，服药周期一直持续到秋季。

在家即可自查的健康晴雨表

一起来操练一下无论是谁都可在家自查的检测方法。

眼部

吉娃娃常常用它那水汪汪的大眼睛注视着主人的一举一动。若发现它的眼神变得暗淡无光、眼球干涩或是不停流泪、眼部分泌物过多等情况，很可能是因为眼部患上了疾病。另外，如果狗不停地用前爪挠眼睛，则表明它的眼部发痒，难以忍受。

面部

眼神、色泽与湿润程度或许都会发生微妙的变化

舌头

如果发现狗的舌苔发白或呈深紫色，舌头过于干燥等情况，很有可能表明它的健康出现了问题。如果总是感觉狗的状态不佳，与往常不太一样，可以根据其舌头的颜色来进行自查，这是判断爱犬健康情况的最简易方法之一。

鼻子

健康的狗鼻子是适度湿润的。若是狗的鼻头出现了干燥或者鼻涕不止、流鼻血等情况，就赶紧带它去看医生吧。但是，狗在睡觉的时候鼻头是干燥的，自查判断应在它睡醒之后过一会儿再进行。

牙龈

用手指按压狗的牙龈，被按压部分的颜色会变白，若是要经过1～2秒才能恢复之前的粉色，很可能说明狗的心脏以及血液循环不佳。如果一切正常，手指按压过后会立即变回粉色。对于这一点，主人在家就可以时常掰开爱犬的嘴巴来检测。

解读爱犬身体发出的SOS信号

即使狗的身体不舒服了，也不会用语言来表达。能够第一时间发现爱犬身体的异常和疾病信号的并不是宠物医生，而是与它最为亲密的主人。

通过观察和接触狗的身体，有很多方法可以判断狗是否生病了。这些方法能尽快帮助狗消除不舒服的感觉，也可以说对于重大疾病的发现治疗有着至关重要的作用。所以，主人们一定要把定期检查爱犬的身体看作是一种好习惯，在与它相处的生活中认真地对待和坚持。在检查爱犬身体的时候，主人的按揉抚摸还能给它带来愉快的感觉，与陪它玩耍有异曲同工之妙。

口部

保持口腔健康，赶走可怕的牙周疾病

吉娃娃嘴型凸出，牙齿极易生病。主人应该时常让它张开嘴巴，帮它检查是否有牙结石。若是发现牙龈出血、口臭、口水过多或是口腔内部有伤口，都要确认一下狗是否患上了牙周疾病。因为牙周病一旦恶化会引发心脏瓣膜病变进而危及生命，所以一定要引起注意。

吉娃娃有着大大的立耳，很方便对其内部进行检查。主人应该时常检查它的耳朵里面是否有伤痕、结痂、红肿或恶臭、分泌物等。若是狗频繁地摇头或挠耳朵，也需要引起注意。如果出现上述症状，主人应该尽快带狗去看医生，判断是外耳炎导致的不适还是身体其他部位出现了问题。

耳朵

认真检查每一部分，包括耳道内部有无恶臭，是否有伤痕

脚掌

极易受伤的部位，外出回家务必仔细检查一番

狗的脚掌极易受伤。每次外出回家后应该确认它的脚掌是否有割伤，或有无嵌入小石子。若是狗不停地舔吮脚掌的肉垫，可能是发痒造成的，因为许多疾病的过敏症状都会表现在脚掌部位，所以应该及时去咨询一下动物医生。同时，狗脚掌的肉垫一般是低温凉爽的，如果摸起来烫烫的则可能是狗发烧的表现。

皮肤病的原因多种多样，过敏、跳蚤、虱子等寄生虫感染以及出藓等都有可能引发皮肤病，无论是哪种原因，均会出现湿疹、污垢以及严重脱毛等症状。狗可能会不断用后爪去抓挠，或者频繁地舔吮，甚至用嘴啃咬，看起来瘙痒难忍。尤其是长毛犬隐藏在被毛中的皮肤病变很容易被忽略。所以，主人在给狗洗澡的时候，可以顺便仔细检查一下身体各部位的皮肤是否发生病变。若发现了异常，立即带狗去看医生。在查明病因以后立即采取措施进行治疗。

皮肤

不停地舔咬是狗极度不舒服的表现

腹部

拒绝抚摸很可能是因为患上了较为严重的疾病

身体被长长的被毛覆盖着的长毛犬，很难察觉到它体型的变化。所以，主人应该时常让狗仰躺着来检查它腹部的状况。检查时可以用两手从肋骨两侧逐渐向中间画圈，并轻柔地按压它的腹部。如果发现狗的肚子鼓鼓的并拒绝主人的抚摸，很可能是由内脏的炎症或囊肿引起的。

四肢

步态异常很可能是因为骨骼或关节的疾病

如果发现狗的步态异常并出现拒绝走路的情况，很可能就是腿部或腰部疼痛导致的。主人应该立即检查一下狗的脚掌是否受伤，若是没有发现伤口则需要带它去动物医院请专业的医生来诊断。因为极有可能是由骨折、关节或脊髓的病变引起的。

行为

发生痉挛极有可能带来生命危险

吉娃娃在幼犬期，低血糖就很可能导致痉挛发作。在其他时期里，大脑和神经系统疾病、尿毒症以及各类食物中毒等也会引发痉挛。痉挛发作极有可能给狗带来生命危险，所以，主人必须沉着应对。先打电话给专业的医生，再一边听从医生的指挥一边送狗去医院。发作过后狗虽然恢复了平静，但是痉挛对狗的脑神经已造成严重损害的例子不在少数，所以必须到医院做细致的检查。

排泄物

一名称职的主人应该养成要仔细观察狗的尿液和大便的习惯，而不是直接清理掉。如果大便的颜色、气味、次数和数量等比平时发生了变化，那么就要考虑狗的身心发生了某方面的异常。尤其是出现尿频、腹泻或者便血、稀便，需要特别引起注意。如果出现一整天都不排尿的症状，必须立即带狗去医院就诊。

第一时间传达健康状况的信号源

紧急时刻的处理办法

●呕吐

犬类是特别容易发生呕吐的动物。通常大多数呕吐都是因为吃得过多导致的。尤其是幼犬更容易发生，但若是呕吐后能尽快恢复镇静，应该没有大问题。如果情况没有好转，仍然频繁地呕吐则是狗生病的表现，也有可能是因为吞食了异物。如果放任不管极有可能引发脱水等危急情况，应该立即带它去动物医院接受诊断。

●眼睛落入异物

主人应该沉着冷静地用手指将异物捻去，或用水将异物冲出来。如果在处理后狗看起来还是很疼痛的样子，可以拿冰敷过的纱布贴在它的眼睛部位。

●吞食异物

拎起狗的后腿让它保持倒立的姿势，剧烈晃动刺激，让它吐出异物。若是异物的体积不太大，可以喂食盐水刺激食道催吐。先兑一杯浓度很高的盐水，把狗的嘴巴掰开，用杯子将盐水倒入它的喉咙，还可以用勺子或注射器从狗的嘴角将盐水灌入，再用手指按压喉咙深处刺激催吐。

●眼球脱出

在狗的头部受到外力重击后，很有可能导致眼球脱出眼眶的意外。有的主人会想直接用手帮狗将眼球复位，但是，擅自动手强行恢复是绝对不可以的。遇到这种情况得用干净的湿毛巾将狗的眼球和周围部分轻轻包住，一边按压一边将它送往医院治疗。

●低温症

吉娃娃格外怕冷，若是长时间待在低温的环境中，有可能患上低温症。当狗被冻得不停地瑟瑟发抖时，要尽快把它转移到温暖的地方，用厚毛巾包裹住它的身体，帮助它恢复并保持体温。

烧烫伤了怎么办？！

在野外烧烤的时候，狗有可能触碰到烧烤的火炉，在家也有可能被厨房灶台上意外掉落的热锅烫到。狗一旦被烫伤，主人应立即帮它剪掉烫伤部位的被毛，并不停用冷水冲淋裸露的皮肤。如果只是轻微的烫伤，可以按时为它涂抹消炎类的烫伤药，随时观察病情是否好转。若是被热油烫类的重度烫伤，则需要立即送往医院接受专业的治疗。

在寒冷的冬季，需要格外注意因长时间待在暖炉旁边造成的"低温灼伤"。低温灼伤不会立即有明显症状，但是过几天后，灼伤部位的肤色会发生变化，若是放任不管，极有可能导致灼伤部位的组织坏死。所以，一旦发现爱犬有低温灼伤的症状，应立即带其到医院接受治疗。

这样的距离就太近了哟

在公共场所需要注意的礼仪

为了能够尽情享受外出游玩的乐趣，让爱犬学习在公共场所最基本的礼仪吧。

发现狗开始兴奋时，要立即制止让它冷静下来

因为吉娃娃是小型犬，去任何地方都可以带上它，所以，去哪儿都带着吉娃娃的人随处可见。但是，想要带狗去大街等公共场合，首先应该让它记住"不咬不叫"这一最基本的礼仪规范。

警惕心极强的吉娃娃，即使平时都很有礼节，到了不太熟悉的地方也会有一改往常面目的时候，会对着陌生人做出狂吠和示威等举动。主人应该收短牵引绳以便能随时提醒爱犬，在发现爱犬开始躁动不安的时候，立即发出"坐下"口令让它冷静下来。若是在狗狂吠后大声训斥它，反而会令它更加兴奋，所以主人只能以威严的口吻低声提醒它：不行。如果主人能从幼犬期就开始用以下的五个要领来训练爱犬，一定能把爱犬培养成无论到哪儿都会表现良好的乖狗狗。

牵引绳的正确握法

最常用的一种握法。为了让牵引绳在狗突然跳起时也不脱落，把手腕从牵引绳末端的环形中穿过，绕手腕一周，再握紧牵引绳。

这是小型犬专用的握法。为了准确地传达每一个细微的指示，用手指捏起牵引绳轻柔地控制狗的行为。

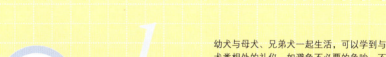

1

在幼犬成长到7~8周以前让其与兄弟犬一起玩耍

幼犬与母犬、兄弟犬一起生活，可以学到与犬类相处的礼仪，如避免不必要的争吵，不可以伤害对方等。如果不足7~8周就让其离开母犬，会失去学习这些重要礼仪的机会，导致它在未来的生活中屡遭碰壁。所以，应该尽可能地让幼犬与母犬、兄弟犬共同相处至少7~8周。

2

主人对幼犬在认识社会时期的管教必须严肃对待

从出生后的第3~13周，幼犬的适应能力最强，是认识社会、锻炼对外界适应能力最好的时机。这个时期把狗带到热闹的大街和人群中，让其适应新环境的做法是可行的，但是仅有过2~3次的体验，幼犬不一定就能学会从容应对。所以，主人可把狗装在专用提箱里带它外出，给它足够的机会去熟悉与适应新环境。

3

成为被狗大爱和追崇的主人

在公共场所，即使狗陷入了兴奋状态，只要主人能够冷静处理，也能够立即让它安静下来，而不会持续地兴奋下去。除此之外，还会有许多在外出时需要立即制止狗某种行为的情况。如果不是被狗尊敬又追崇的主人，在以后遇到紧急情况时必然就需要费尽心思了。

4

犯错以后体罚和发牢骚都是不可以的

在管教狗时，责备是在所难免的，但是唠唠叨叨地发牢骚并不会带来任何效果。而体罚甚至会带来负面的效果，只会破坏狗对主人的信任感。想要制止狗的错误行为时，主人只能以威严的口吻低声警告并制止它，同时用清楚的语言告诉狗它该怎么做。

5

侧耳倾听狗的心声 "到我身边来"

犬类可是能看懂肢体语言的高手。比如当它在想要表达"到我身边来"的时候，无须言语，用肢体语言即可做到。转移视线、伸懒腰、打呵欠和背对你的时候，其实都是狗有话要对你说。对于爱犬这样默默的心声，主人也要学会侧耳倾听，才能够使彼此的感情变得更加深厚融洽。

专属遛狗场——主人之间的社交平台

正因为是可供狗自由活动的空间，更要守规矩，注意安全！

在确保狗安全的前提下充分使用小型犬的专用区域

专属遛狗场可以让狗摆脱牵引绳的束缚尽情奔跑，在这里狗能够体会到自由的感觉。身为小型犬的吉娃娃，在利用遛狗场玩耍时需要格外注意安全，确保万无一失。

众多的狗在没有牵引绳管理的情况下初次见面，丝毫的大意就会带来意外的风险。而个性好强，相对其他犬种来说不善交际的吉娃娃，很有可能会成为事故的导火线。但如果发生争执，更容易受伤的也是身为小型犬的吉娃娃。

所以，为了保护爱犬不受伤害，首先推荐带它去附有小型犬专用区域的遛狗场。

在遛狗场，主人要留心观察爱犬的一举一动，看它在学习与其他狗相处时是否顺利。如果发现爱犬的行为不当，可以采取立即带它回家的措施。如此便能让它明白，在学会各种规矩变成一只有教养的狗之前，都不可以再到遛狗场去玩耍。

对各位主人们来说，遛狗场也是一个非常有意义的社交场合，在这里可以互相分享训练狗的经验，获得各种有用的信息，解决自己在管教狗时的种种烦恼。

也有一些狗会对遛狗场有所畏惧，或者对热闹的地方并不感兴趣。若是爱犬不喜欢到遛狗场去玩，也并不是什么不好的事情。主人要做的只是尊重爱犬的个性，为它寻找别的更有意思的乐园。

你好！

DOG RUN

在遛狗场玩耍时的四项约定

1 必须出示疫苗接种证书等文件

若是去露天公园的遛狗场玩耍，一般不需要出示此类文件。但若是到大型公共设施的室内遛狗场，则必须向管理人员出示爱犬的疫苗接种证书或是盖有该区域犬类管理中心印章的健康证明等，这已成为狗主人应尽的义务和责任。此类证明书一般都有专属的号码，在去遛狗场的申请中需要录入该号码，有的遛狗场则要求每次进场都出示这类证书。所以，在带爱犬去遛狗场玩耍之前，最好打电话确认一下要求，否则因没带疫苗接种证书不得入内，也太让人懊恼了。

2 一刻也不能让爱犬离开自己的视线

常会有那种任由爱犬去玩耍，自己却在一旁和他人聊得热火朝天的主人，这种做法绝对是不可取的。在遛狗场时，主人的视线必须紧跟着爱犬，把细致的监督作为自己不可推卸的责任。同时切记拿好牵引绳，若发现了不友好的狗，应该尽快把自己的爱犬带离遛狗场，确保它的安全。

3 玩具和零食都不可带去

因为玩具和零食会引发争抢，所以绝对不允许带到遛狗场去。有的狗甚至连人类手中的零食也会粗暴地抢夺。那些平时爱在衣服口袋里揣一些零食来训练狗的主人一定要特别注意，在进入遛狗场之前必须先把衣袋里的零食全部清理掉。

4 处于发情期的雌性犬不可以去遛狗场

若是没有做过绝育手术的雌性犬，在发情期请千万不要带到遛狗场去。因为它们会给雄性犬带去雌性荷尔蒙的诱惑，有可能引发雄性犬之间的争执与意外事故。狗在发情期禁止出入的地方还有爱犬网友见面会和重大集会等，但是相对于这些场所，在遛狗场的狗没有牵引绳的束缚，更容易导致意外事故。另外，若雌性犬子宫停止出血的时间不到两周，仍然算是处于发情期，同样不要带它到遛狗场去。

咖啡厅——让你与爱犬优雅地共度一天

憧憬已久的咖啡厅，让爱犬一展它优雅的风采吧！

和最爱的吉娃娃在街角的咖啡厅内小憩一番，该是多么棒的感觉啊，简直就像电影里的某个场景一样！

但是，主人们并不能简单地认为"吉娃娃是小型犬，即使带它到咖啡厅里也不会给他人添麻烦"。咖啡厅这种地方充斥着太多会分散狗注意力的事物了，陌生的人类与犬类、餐具碰撞发出的声响、悠扬的背景音乐以及各种美食的气味等。吉娃娃是警惕性极高的犬种，为了让它在各种不确定的环境中也能保持放松，要多给它机会去认识社会，对此，养成良好的习惯以及与主人建立和谐的信任关系都是必不可少的。为了让爱犬表现良好，在憧憬已久的咖啡厅能留下最美好的印象，主人们一定要从平日里就开始好好训练它，让它不断学习进步。

咖啡厅里爱犬能待的位置，应该就是主人的脚边了。给爱犬带一张专用软垫就是它最好的雅座，待主人坐好以后把软垫铺在自己的脚边，狗便知道那是专程为自己准备的位子了，它一定能趴在上面冷静乖巧地陪伴和守候。

狗最常用的姿势是"趴下"。在听到主人发出"趴下"的口令后，它便会乖乖地趴在软垫上。若是爱犬被周围的事物吸引了注意力，变得坐立不安，主人就得立即对它发出"等一等（安静）"的口令，只要平时训练有素，爱犬一定能够在任何环境中都表现良好，听从主人的口令。

DOGCAFE

进入咖啡厅必须遵守的规定

1 **跳蚤、虱子以及传染病的预防是必须的**

因为可能经常会去像餐饮店这样的公共场所，所以无论人类还是犬类都应该注重卫生习惯。平日里主人要注意帮助爱犬预防跳蚤和虱子等寄生虫，同时还要带它接种各类疫苗。在帮助爱犬梳理被毛后，要给它穿上专用衣服来避免被毛的掉落。

2 **在室外上了厕所再进入室内**

绝对禁止狗在餐饮店内大小便。应该让狗在室外上了厕所以后再进入店内。如果在进店以后发现狗有想上厕所的迹象，立即把它带到室外去，待它排便以后再让它进入。有的主人为了以防万一，用厕纸巾代替软垫铺在地板上，这无论从卫生方面还是视觉方面来看都难登大雅之堂。

3 **必须紧握牵引绳，不可放任爱犬随意行动**

主人要把牵引绳收到最短紧握在手中，好在有紧急状况时立即控制住狗。有的主人会认为"我家的狗对其他犬类一向很友好"或者"狗待在我的膝盖上一步也不会离开"而不给爱犬系牵引绳，店家出于礼貌也对此默许，但这很有可能会打扰到其他的顾客，甚至引发意外事故。因为有一些顾客是很怕狗的，所以主人一定要格外注意自己和爱犬的行为。

4 **不能让狗坐在人类的椅子上**

不用说大家都知道，椅子是专门为人类提供的用品。即使店里有空座位也不能让狗坐上去。一方面不穿鞋子狗的脚掌很脏，另一方面，若是让狗坐上椅子，它会更加抵挡不了桌上美食的诱惑。所以，一定要杜绝让狗坐椅子这样的行为。

5 **不能把人类的食物喂给狗狗吃**

常有主人就餐时看见爱犬嘴馋的样子感到于心不忍，就分了一点吃的给它。家人们也常常会把自己的食物分一些给它。虽然在家时对这一点不必强行要求，但如果在咖啡厅等公共场所就要坚决杜绝这样的行为。对于主人来说，爱犬的行为也许可爱又招人疼，但在他人看来其实是没有礼貌的。更何况从卫生方面来说也绝对不允许让狗使用人类的餐具。主人们可以选择店内专门为狗准备的食物来喂给爱犬吃。

6 **发情期的雌性犬不可带到店里去**

切记不可把未做绝育手术且处于发情期的雌性犬带到店里去。因为那会让雄性犬躁动不安，在别的顾客看来也非常不雅。有的主人认为客人不多或是只待短时间的情况下可以带狗进入咖啡厅，但是，这样的想法其实是没有道德的。

拥挤人潮中更不可忽视狗的安全

车水马龙的环境对于体型细小的吉娃娃来说，遭遇危险的可能性极高。

随时可能遭遇踩踏或者车祸等意外，一定要格外小心

明明不是冬季却看见吉娃娃不停地发抖，这其实是由极度恐惧造成的。超小型犬的吉娃娃若是到了大街上，一切事物对它来说都变得巨大。无论平时多么训练有素，置身于车水马龙的环境中时，突然袭来的恐惧感也是在所难免的。

在繁华嘈杂的环境中，体型细小的吉娃娃很容易受到人类不经意的伤害，如被踩踏或被汽车碾压等。所以主人要寸步不离地守护爱犬的安全，这同时也是带狗出入公共场所必须遵守的礼仪与规范。但最明智的选择还是不要带爱犬到嘈杂的地方去，因为那样的环境其实只会让它感觉迷茫与恐慌。

TRAVELING, DRIVING

拥挤人潮中守护爱犬的方法

1 把它抱在怀里

在人流过多或者车速过快的环境中，狗很有可能被踩踏或撞到。为避免这样的意外发生，主人应该把爱犬抱在怀里，这并不是宠溺它，而是守护爱犬生命安全的一种正当措施。

2 使用手推车

把狗放在手推车中便可很好地守护它的生命安全了。但是，有一些主人让爱犬坐手推车并不是以安全为主要目的，只是为了单纯的炫耀。这违背了使用手推车的初衷，是极其错误的，还会混淆爱犬分辨是非的能力，对它没有一点好处。

3 握紧牵引绳

为了让狗安全地经过人流与车辆，主人应该将牵引绳收短并紧握在手中。若是狗被前方的车辆吸引而拽扯牵引绳，主人又不小心松了手，极有可能发生意外事故。为了让牵引绳在狗突然挣扎拽扯时也不脱落，主人应该把手从牵引绳末端的环形中穿过，绕手腕一周再握紧牵引绳。而带爱犬走在人行道上时，应该让爱犬靠内侧，主人靠车流一侧。

4 让爱犬牢牢记住各种口令

在拥挤人潮中犬类容易躁动不安。平日里，主人应该多训练爱犬，教它学会听各种口令，比如"等一等""坐下"之类的，让它成为一只顺从的乖狗。学会了听口令，狗自身也能够迅速冷静下来并管理自己的行动。

5 当心爱犬捡食地上的东西

人多热闹的地方常常会有满地垃圾。尤其是在节日期间，糖果包装袋和烤肉串的竹扦等对犬类来说极具魅力的东西可能会散落一地。如果爱犬吞食了塑料包装纸等物品，极有可能带来生命危险。若是发现爱犬想要捡食地上的东西，主人应该立即发出"不可以"的口令，及时制止它。

亲手制作爱犬喜欢的食物

水煮的鸡胸肉 △

纳豆 △

牛筋 ◎

市售狗粮 ◎

水煮的卷心菜 ○

每只狗都有各自的偏好

最近，常有人担心平日的狗粮营养不够全面，因此亲自为爱犬制作食物变得流行起来。确实，犬类也有它所必需的营养搭配，按照市售的专用食谱来做基本上没问题。但是也常会有主人认为每天按照食谱制作太麻烦，便逐渐按自己的想法来自由发挥了。

自己制作狗粮的好处就在于主人可亲自为爱犬选择放心的食材，同时还能控制热量的摄入和水分的补充等。体型细小的吉娃娃食量也非常小，难免让主人担心它的健康。正因如此，从平日起就喂它吃各种食物，进而总结出它最喜欢的食物类型是至关重要的。比如市售的狗粮、各种零食以及主人自制的食物等，都可以让它尝试。那么，当狗生了重病，或口味变挑剔只肯吃最喜欢的某种食物时，熟知爱犬喜好的主人就可根据情况为它准备美食，帮助它顺利渡过难关了。

在此我们要特别推荐的是餐后小食。主人可以把爱犬每天所吃市售狗粮的量减少为平时的9/10，剩下的1/10用餐后小食来补充。可以喂它鸡胸肉、芝士和纳豆之类的食物，每天更换一种类型。这样一来，便可既不担心营养失衡，又能总结出爱犬最喜欢的食物了。

第**4**章

成年犬的饲养

吉娃娃已经成为家庭的一员,
主人们最在意的就是它的健康了。
本章介绍成年犬时期应该注意的一些问题。

干净利落短短的被毛，

藏不住的光泽和气派！

短毛犬的被毛干净利落，摸起来手感绝佳！

一不小心就被它雍容华贵的
被毛俘走全部的注意力。

拥有柔顺被毛的长毛犬，耳朵和尾巴等部位的饰毛尤其轻柔飘逸。

坦率纯粹、百依百顺，无条件地信任你，我亲爱的主人。

虽然对他人警惕性极高，但是对主人绝对忠诚，这份无与伦比的专一，正是吉娃娃能够拥有众多粉丝的秘密武器。

喂喂！

看我！看我！

就是要这么肆无忌惮地
享受主人的宠爱。

大大的立耳和圆圆的脑袋，
无不透露出它的聪明与智慧。

非常懂得察言观色，
根据自身处境来采取
行动的聪慧犬种。精
致的五官，看起来就
觉得它无比聪明。

虽然体型细小，但这小身板紧凑而结实。

炯炯有神的眼睛，
就是这么自信！

行走带风，光芒无限！

绝不因自己体型的细小而屈服于
谁，个性勇敢好强。

朝着新世界，径直出发！

唧里个唧……
好喜欢散步呀！

度过充实的成年期生活

天真烂漫的幼犬期总算过去，奋勇迈向最能凸显吉娃娃魅力的成年期。

养狗生活黄金时期的开端

终于迎来了充实有趣的成年期。与体力不佳、需要格外小心的幼犬期相比可谓是截然不同，成年后的吉娃娃不易生病，健康又富有活力。

吉娃娃的被毛完全长好，大概要在3岁左右，到那时长毛犬全身上下的被毛柔顺而飘逸，饰毛也舒展飘扬起来，此时的狗已彻底完成华丽大变身，变得更加引人注目了。短毛犬的绒毛也已完全长好，全身被毛浓密而富有光泽，格外好看。

可以说这是主人与爱犬相处的黄金时期，因为此时犬类的体力和力量都达到了巅峰。无论是大街还是野外，可以带吉娃娃去的地方数不胜数。一起驾车兜风，一起去旅行，一起精神抖擞地玩耍……就在这些相伴而行的时光中，让我们彼此敞开心扉，与身边这位无可取代的朋友一起茁壮地成长吧。

狗的成年期也有需要特别注意的事项。与天真无邪的幼犬不一样，对成年犬的训练和管教通常都不是普通的手段就能够应对的。但总的来说，最关键还是取决于主人。主人们一定要用心训养狗狗，竭尽全力给它丰富多彩的幸福生活。

成年后的吉娃娃，体力与力量都迎来巅峰，可以说在这个时期就没有吉娃娃不敢挑战的东西。

饮食

低卡饮食闪亮登场

绝对不可以因为吉娃娃的体型细小而控制它的食量

饮食是支撑成年犬生命活动的重要能源。有的人执意认为"吉娃娃是小型犬，所以必须通过控制饮食来保持它的体型"，这样的想法和行为都是错误的。吉娃娃的身体会长到多大是犬种基因先天决定的，不可能通过控制饮食来改变。尤其在成长发育期，长期的营养不良会妨碍狗的正常发育，带来无法挽回的后果。主人们一定要为爱犬提供全面充足的营养，为它的健康做出努力。

自制的食物和市售狗粮

若是打算亲自为爱犬制作食物，一定要充分考虑好营养的均衡搭配。如果爱犬习惯了主人自制的食物而完全不吃别的东西，那么在生病了必须吃指定食物的时候，它很有可能会不配合而影响治疗。所以主人应该让爱犬养成不挑食的好习惯，无论是自制的食物还是市售狗粮都能美美地吃掉才最好。想要培养这样的习惯，不如从餐后小食开始吧！可以把每天饮食量的1/10 更换为别的食物，让爱犬尝遍各种美味。

从幼犬出生后的第10个月起，就要逐渐把原来高热量的幼犬狗粮更换为成年犬专用狗粮。但是，突然的饮食变化很可能导致腹泻、呕吐和消化不良等症状，所以，更换狗粮时应该把新的类型一点一点加进以前的食物中，用一周的时间慢慢地过渡和更换。进食的次数为平均每天2次。

挑选市售狗粮时，应该尽量选择营养全面均衡的类型。

由于幼犬食量极小，常常需要一直把狗粮装在餐碗中，让它随时可以去吃。但是在狗成年以后应该更注重它的教养，所以进食次数也要严格规定，不可以再将狗粮长时间装在餐碗中。每次进食可以给它30分钟，时间一到就立即收拾餐碗，哪怕里面还有没吃完的狗粮。主人对狗剩饭的行为也应该严肃处理，如果餐碗中剩有狗粮主人却还喂它吃别的食物，会让狗误以为"只要我不把狗粮全部吃完就能吃到更好吃的东西"，养成挑食的坏习惯。

太好吃了！一不留神就吃撑啦。

● 犬类可以吃零食吗？

其实零食有不少好处，比如在训练狗时奖励它爱吃的零食，会带来事半功倍的效果。只要充分考虑到每天食物的比例分配，即使吃点零食也不用担心它会发胖。同时，犬类专用零食基本上都有帮助磨牙的功能，而且大多营养很高，为何不给它吃呢？

● 干型狗粮和半湿型狗粮，哪种更好？

干型狗粮有非常好的磨牙功能，但从每日必须补充水分这一点来看，半湿型狗粮更值得推荐。同时，半湿型狗粮香味浓郁，可以在爱犬食欲不佳的时候与干型狗粮混合一起喂食，其缺点就在于保鲜时间不长，一旦开封就必须放进冰箱，还得尽快吃完。

饮食

合理饮食让爱犬远离减肥的烦恼

　　成年犬不像幼犬那样需要极高的热量，所以最需引起注意的是它可能会患上肥胖症。一旦疏于体重管理，吉娃娃从5岁开始就有发胖的倾向，患上肥胖症的可能性非常高。

　　一旦患上肥胖症，光是站立这一个动作都会给它的腰腿部带来极大的负担，还有可能损害心脏与肝脏的功能。同时，吉娃娃的气管极其细小，若因脂肪堆积堵塞了气管，还有可能增加患上气管塌陷等疾病的风险。吉娃娃原本运动量就不多，很难通过运动来减肥，那就只能通过减少食量来控制体重了。因此，平时就需要主人们多花心思，注意爱犬的饮食管理，让它每餐只吃八分饱，从一开始就杜绝任何长胖的可能。

　　若是食欲旺盛的狗需要减肥，通过食用添加了蔬菜的"膳食纤维减肥餐"也能有很好的效果。犬类其实非常喜欢吃圆白菜、胡萝卜、白菜和萝卜之类咀嚼起来咔嚓咔嚓作响的粗纤维蔬菜。口腔狭小、易长牙结石的吉娃娃，吃点较硬的蔬菜还能帮助去除牙结石，实在是好处多多。但是像西兰花和龙须菜等蔬菜必须得煮熟以后再喂给狗吃。

> 虽然很想让你吃得饱饱的，但为了你的健康着想只能狠下心来！

八分饱的量

最简单的肥胖判断方法

用手摸一摸狗臀部以上的腰到肋骨部位，如果能感觉到骨头，那就算是骨瘦合适；如果几乎摸不出骨头，则说明狗偏胖了。偏胖的吉娃娃会失去动作灵活而矫健的魅力。主人们一定要用心调整爱犬的饮食结构和运动的强度，让它养成最健康的生活习惯。

运动

适量的运动给你一只生机勃勃的狗

为自己的爱犬总结出最适合它的运动强度

吉娃娃并不是那种需要很大运动量的犬种。在宠物店出售时常被附上"无需散步的犬种"这样的标语，但这种说法是不正确的。如果运动不足，狗的脊背会变得弯曲，后肢无力又脆弱。

主人们当然也得引起注意，不可因为怜爱就总把吉娃娃抱在怀里，或者装进手提箱和手推车里，这无异于剥夺了它散步和运动的权利。

在带狗散步时需要注意观察，因为狗有可能跟不上主人的行走速度而过度疲倦。同时，步行过多又可能导致足部发炎。所以，应该让爱犬用自己最惬意的速度散步，如果发觉它疲倦了要及时休息，没有负担的运动对它才是最好的。如果条件允许，比起收短牵引绳的随行散步，在公园等宽阔的地方把牵引绳放长让爱犬自由活动，或者玩"你丢我捡"游戏应该更适合吉娃娃。散步可以每天2次，每次10～15分钟左右。但是，每只狗都有个体差异。散步回来以后，若是发现爱犬呼吸急促筋疲力尽的样子，可能就是运动强度过大了。相反地，如果散步回来爱犬仍是一副兴奋不已缠着你想要继续玩耍的样子，很有可能就是运动量不足，需要做出适当的调整哦。

只要认真对待，哪里都是运动场，室内一样能让爱犬情绪高涨。

若是只考虑吉娃娃的运动量，在家里活动活动便已完全足够。遇到恶劣天气或是主人实在太忙的时候，在室内玩"你丢我捡"和"猜零食"之类的游戏也一样趣味无比。主人应该多花心思，想一些既可以锻炼狗的身体又能开发智力的游戏。只要游戏时集中注意力认真对待，或许比拘泥于运动量的散步更能带给爱犬满足感和成就感。

冬季注意防寒，夏季远离中暑

有的主人不懂变通，一旦规定了运动的时间和内容，无论发生什么事情都要求继续照做，遇到恶劣天气反而会给狗带来伤害。比如下大雨时仍坚持带爱犬去散步就太荒谬了。有的主人要求严格守时，不到那一刻坚决不带爱犬外出，这对狗来说也实在难以理解，会让它感觉无辜和郁闷。其实，只要规定好每次散步的时间长短，出发的时刻其实是可以根据实际情况随机调整的，这就是最合理的运动了。

吉娃娃是极为怕冷的犬种，冬季外出时一定要做好防寒措施，可以给它穿上保暖的衣服。而在炎热的夏季，身高较低的吉娃娃被地面的热气灼伤中暑的风险极高，应该选择凉爽的清晨和地面温度相对较低的夜晚带它外出，并且只做较为轻松的运动，切忌让狗玩得精疲力竭。

果然还是外面更舒服啊！

全身活动，沐浴一下和暖的阳光，便能让爱犬无比满足。

遇到突发状况怎样处理？

● 散步途中缠着要抱

在散步途中，狗有可能突然没了安全感，非得要主人抱着不愿自己行走。这时主人千万不可依着它的性子，而应该陪伴和鼓励它。在爱犬勇敢前进后及时表扬，让它体会到散步的乐趣。

● 对身旁经过的犬类狂吠不止

绝对不可为了制止它而把它抱在怀里。抱起会让它误以为自己地位更高，继而更加耀武扬威、狂吠不止。主人可训练爱犬乖乖"坐下"，如果它安静下来要及时表扬。重复训练，便能让爱犬乖乖守规矩不再随意吠叫了。

压力

开始有自己的个性，不喜欢的东西也变多了

正因为是细腻而敏感的吉娃娃，所以容易感到压力巨大

天真烂漫的幼犬期过去了，吉娃娃原本细腻而敏感的特点变得越发明显。成年犬的自我意识不断增强，开始对某事产生明显的厌恶、妥协等情绪。有的主人会有"既然爱犬做不到就不勉强它"的想法，乍一看好像是善解人意，但是这对狗并没有好处。妥协的意识只会使狗变得懦弱、畏首畏尾。具体表现为被毛脱落、拉肚子、啃咬自己的身体等，看起来就觉得很可怜。

犬类嗅觉和听觉都极为灵敏，能感知许多事物，其中有一些甚至是人类都感知不到的。现代社会对于犬类来说充斥着各种刺激，满是它猜不透的东西。所以，最重要的是在爱犬对某事产生妥协意识之前就让它明白：这其实并没有那么可怕。正因为是细腻敏感的吉娃娃，所以才要锻炼它一点点地去接受那些害怕的事物，让它克服恐惧感，长成一只落落大方、英勇无畏的狗。

需要引起高度重视的是狗的青春叛逆期，即迎来性成熟的1岁半～2岁半这一时期，狗可能会开始对主人发火。有的甚至像和主人交换了主从地位一样。一旦出现了爱犬不受主人控制的局面，再想要修复之前的关系就需要专业的训练了。

成年犬适应新事物需要花费多长的时间呢？

宠物界有着"训练时间因狗的年龄而不同"这样的说法，即训练3个月龄的狗只需短短3个月，但训练3岁的狗则需要长达3年的时间。当然，训练狗这件事，其实2岁或3岁都不算晚，只要有足够的耐心和坚持，相信爱犬一定能做到。主人们大可不必为"我家的狗悟性不好"而烦恼，在了解到年龄较大的狗学东西需要较长时间以后，更应该坚持不懈地努力，直到取得满意的成果。

让爱犬健康长寿

充分了解高龄犬的身体与心理特征，对它的爱永远不变。

虽然还很遥远，但是也有必要了解一些我年老后的相关知识哦。

无微不至的悉心照顾，丰富多彩的老年生活

从吉娃娃的平均寿命来看，15岁的狗就算是高寿了。虽然感觉它还很年轻，但是犬类一旦年满7岁，目光就逐渐变得浑浊，动作也变得迟缓，身体出现各种各样的改变，不免让主人们开始认为"我家的狗也上了年纪了"。而吉娃娃的牙齿比较脆弱，在6~7岁的时候，常常就会患牙周病。

随着动物医学技术的提升和宠物主人思想境界的明显提高，犬类的平均寿命也得到前所未有的延长。但是，7岁即为中老年时期分界线这一事实从未改变过。犬类只要年满1岁，就以人类4倍的生长速度在成长。因此，已经有不少的主人们在体验着"老年犬的饲养生活"了。

正因为生活在这个犬类平均寿命大幅度延长的时代，更不可仅仅在意"多活几年"。让爱犬一辈子都生机勃勃地度过才是最美好的事情！虽然不可能让它永远年轻，但是通过健康的饮食与合理的运动，再加上舒适的生活环境，可以延缓爱犬变老，同时还能降低患疾病的风险。

更重要的是，给爱犬比从前更多的关爱。狗狗只要能在最爱的主人身边，即使慢慢老去也会无比满足和欣慰。所以说，主人们也不必悲观，应该努力给爱犬应有的生活，在各个方面都支持它、照顾它。

变化

身体这里那里都有了老年现象

犬类一旦年满7~8岁，便从极度畏寒开始，身体出现各种变化。不论是长毛犬还是短毛犬都开始掉毛，但又因为不断替补长出新的蓬松被毛而让身体显得很臃肿。在此之后，即使不在换毛期也会有严重的掉毛现象，全身被毛逐渐变得稀疏零散。

在光线昏暗的地方容易撞到东西，把球抛给它也接不住，这些其实都是狗视力下降的表现。听力也有可能开始变弱，叫它的名字迟迟没有反应。还有可能长出各种良性或者恶性的瘤子。睡眠时间变长也是明显的特征。年轻的时候看见小鸟飞过也会激动一番的狗，现在对一切都不再有反应，生理上和心理上都开始出现衰退的迹象。

主人们一定要尊重高龄犬的心境和身体状况，尽可能地帮它避开可能带来痛苦的因素。为了让爱犬度过惬意舒适的老年期，主人要温柔地陪伴它，悉心地照顾它。

在昏暗的地方撞到东西

睡眠时间开始明显变长

叫它的名字迟迟没反应

针对老年犬最普遍的提问

●吉娃娃不会卧床不起？

仅仅只是维持最基本的呼吸，也会耗费爱犬极大的体力。虽然年老的吉娃娃毫无体力，但是一般都不会出现卧床不起、憔悴消瘦或步履蹒跚的状态。

●新来一只幼犬做伴可以吗？

经常听见人们传言：若是新来一只幼犬做伴，老年犬也会返老还童变得年轻有活力。但其实，老年犬对变化和刺激并不感兴趣。"与好奇心强的幼犬相处只会让人家心烦意乱、睡不好觉！"也许这才是老年犬真实的心声。

若持续年轻时的饮食 可能会导致爱犬发胖

通常6岁左右就是犬类身体健康状况的一个转折点，在此之后，新陈代谢的速度开始减慢，如果持续年轻时的饮食，狗极易患上肥胖症变得"中年发福"。当真正进入老年期后，因为运动量骤减，肌肉减少，更会加快发胖的速度。所以只要狗年满7岁，就应该把它的食物逐渐更换为低热量的老年饮食了。

随着狗年龄的增加，它的肠胃功能开始衰退，唾液和胃液中的蛋白酶含量也明显减少，因此，如果仍然喂狗吃过多较硬的食物，会增加它肠胃的负担。另一方面，狗的牙齿和下颌的啃咬能力也开始衰退，吃较硬的食物对于老年犬来说实在是一种折磨。尤其是牙齿极其脆弱的吉娃娃，在年满6~7岁以后，更容易患上牙周疾病，所以主人应该把狗粮用热水浸泡烫软，或者把食物切成细小颗粒再喂给它吃。

那个时候吃得可真多！

咔滋咔滋

可是现在吃太多会变胖……

过了7岁就要吃老年犬专用的低热量食物

这样的情况该怎样处理才好呢？

●想让食欲太旺盛的狗减肥

主人可以在狗的食物中添加豆腐、豆腐渣以及蔬菜之类的食材，因为膳食纤维不仅能增加饱腹感，还能减少热量的摄入。在想喂狗吃零食的时候，也可以选择黄瓜条等低热量食物，即使多吃一点也不会发胖。

●食量太小，食物总是吃不完

主人们应该尽可能多地花些心思，餐后小食喂爱犬吃一些半湿型狗粮，还可在食物中添加香味浓郁的汤汁，一定能勾起它的食欲，从而尽情体会各种美食带来的乐趣。

关注爱犬新陈代谢和肾脏功能的变化

注意饮食调整与水分的补充，好吃才有好身体

在吉娃娃年满15岁以后，可能会出现吃再多也弥补不了地急剧消瘦。容易稀便和腹泻也大多是老年时期肠胃的消化吸收功能退化所致。在出现这些情况以后，主人可以喂爱犬吃一些市售的高龄犬专用高营养食品，或者将每天饮食调整为少吃多餐的形式都是不错的选择。

高龄犬对于不同类型的食物表现出的食欲也会有明显差别。如果爱犬没胃口，可以特殊照顾喂它一些鸡胸肉、脂肪含量较少的瘦肉、鱼类等优质蛋白质，慢慢地勾起它的食欲。

同时，由于高龄犬的肾脏功能也变得低下，要特别注意水分的补充。为了让它随时都喝到新鲜干净的饮水，主人要做好细致的工作。但是，有时候如果爱犬不想喝水，可试着喂它一些牛奶或者美味的汤汁，它一定会欣喜地畅饮一番。

高龄犬的饮食要点

特殊照顾喂它一些爱吃的零食也完全OK

主人的确应该对那种挑食的成年犬采取坚决的态度，吃剩的食物要果断收掉。但是，对于高龄犬，应该以让它们进食为首要目的，稍微宠溺也是可以的。如果爱犬没有食欲，那么可以特殊照顾喂它一些爱吃的零食。

油脂的摄入可以增加被毛的光泽度

犬类一旦上了年纪，被毛就开始变得干枯黯淡，看起来显得苍老。主人们可以在爱犬的食物中添加一些橄榄油或优质植物油，能够增加被毛的光泽度和柔顺感。只是在用量上要特别注意，不可超出每日热量的规定范围。

多多注意排便和排尿的情况

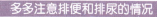

犬类进入老年期以后，开始出现各种老年现象。消化功能衰退引发慢性腹泻等疾病，同时，因食量减小宿便增多又会引起便秘。另一方面，水分摄入较少又会导致尿液变浓偏黄。大便和尿液都是狗身体健康的晴雨表，在清扫这些排泄物之前，主人应该细心观察一下其状态是否正常，再调整或改变爱犬的饮食结构，必要的时候，还得去咨询一下专业的宠物医生。

运动

通过接触外界，保持大脑的年轻活力

爱犬在散步途中会突然停下脚步，喘不过气来吗？明明已经上了年纪，却让它保持与年轻时相同的运动量，无疑会给它的腰腿及心脏等器官带来沉重的负担。散步的时间和距离，以及行进的速度都应该根据爱犬的状态来调节，不可勉强它，不能给它过多的压力。

吉娃娃是极为怕冷的犬种，尤其是高龄犬更经受不住寒冷，冬季外出散步一定要做好防寒措施，最好给它穿上保暖的衣服。

有的主人看见爱犬似乎没有心思散步，于是就取消了某天的散步活动。但是，身体机能是越用越灵活，反之则越停越衰退的。保持运动既可以预防肥胖症又能防止肌肉退化。但运动过量又可能引发关节炎，所以，主人们应该留心观察爱犬的情况，让它做适合自己又轻松的运动即可。

在爱犬身体状况不太好的时候，就没有必要带它外出。主人可以在铺有地毯不易滑倒的室内和爱犬玩一下"你丢我捡"的游戏，做适量轻微的运动即可。

高龄犬的散步和运动对于帮助它维持体力、振奋精神都有重要作用。接触外界也是保持大脑年轻活力的秘诀。在外出散步回家以后，别忘记让狗多喝点水来补充水分。

把手推车用起来吧

在散步途中，若是发现狗很疲倦，就不可再勉强它继续前进，这时要把它抱起来或是让它坐进手推车里。对于那种连走路都困难的狗，只要用手推车推着它外出走走就能让它感到满足和开心了。

压力

剧烈的变化是使狗困惑的主要原因

反应变迟钝以后，开始对外界有了恐惧感

随着年龄的增长，原本好奇心极强的吉娃娃对于新事物的适应能力也开始减弱，刺激与变化都有可能让它感到苦恼。常言说"狗上了年纪也会变得固执"，事实的确如此。老年犬对于外界刺激的适应能力开始减弱，性格变得固执而倔强。除此之外，随着年龄增长，狗的听觉、嗅觉和视觉都变得不如从前，无法及时察觉眼前究竟发生了什么事。因此，狗对未知的和突然出现的事物开始产生极度的恐惧。

除了心理问题，狗身体的抗压能力也开始减弱，一旦受凉极易患上风湿性关节炎等疾病。因此，对于极度怕冷的吉娃娃，尤其是在它的老年时期，主人一定要多花心思，为它做好充分的防寒措施。

总而言之，主人要尽量避免改变爱犬的生活环境，让它度过一个安详的晚年。

老龄化也有个体差异！？

随着逐渐衰老，有的狗变得极其固执倔强，但也会有那种无论发生什么事都不介意，一脸淡然的狗。食欲方面也是一样，有的狗吃得越来越少，有的狗对美食却变得更加执着。主人应该细心观察爱犬的状态，根据情况给予它最需要的呵护。

尽量避开会让高龄犬感到困惑的改变

搬家

居住环境的骤变会给高龄犬带来极大的困惑。但在必须搬家别无他选的时候，可以让爱犬使用一直以来熟悉的栅栏和软垫，这能够给它带来一点安心的感觉。布置与摆放家具时，也一定要考虑到高龄犬各项感官功能衰退的现实，以免它撞到家具的转角发生意外。

全新的体验

绝对不可强行让狗尝试那些全新的体验，比如从未做过的运动或者与素未谋面的人类与犬类一起玩耍等。散步的路线也不可以改变太多，即使只是在早已熟悉的路上走走，每天也能遇见很多新鲜的事物，包括不同的人类与犬类、气味和声音等，对于高龄犬来说这足以振奋它的精神了。

就餐时间的变更

每天在固定的时间段进餐也是一件能让狗感到安心的事。反之，空腹时间过长就会让它感到惶恐不安。也就是说，能否安心进餐是关系到爱犬食欲稳定的重要因素。

尽早发现，及时预防、治疗重大疾病

犬类只要年满1岁，就以人类4倍的速度在成长。一旦生病，病情恶化的速度也比我们想象的要快得多。常常是刚发现爱犬的身体不太好，一转眼它的病情就恶化了。虽然有的健康检查自己在家就可以做，但是内脏器官的异常是很难通过普通的方式来进行判断的。

因此，我们建议主人定期带爱犬去宠物医院做专业的健康检查。即使并未发觉它身体有异常，成年犬也应该每年体检1次，而高龄犬的体检则需要每年至少进行2次。定期健康检查已成为一种趋势，宠物主人们都应该把它放在心上。

高龄犬最易患的3种疾病包括心脏病、肾病和肿瘤（癌症），任何一种都是会带来生命危险的重大疾病。如果定期检查，即使患病了也能尽早发现并治疗，治疗起来才会有更好的效果。希望主人们听取我们针对狗的健康给出的这些建议，定期带爱犬去宠物医院做检查，这对它的身体是极为有利的。

健康检查已经成为老年犬习以为常的事情了

定期体检吧

体检的基本项目中就有通过现场采血来判断内脏健康这一项。主人还可在家中收集好爱犬的大便和尿液，装在密闭容器中带去医院接受化验检查。有的医院还引进了能拍胸腹部X光片与做B超检查的设备，可以做各种检查。得到医院开出的检查结果以后，主人在照顾爱犬时便可做得更细致，更有信心。

血液检查

尿检

大便化验

＋

X光片等项目

注意 抱枕上面站不稳，容易崴伤脚

上了年纪的狗会变得消瘦，因此它们都喜欢趴在铺得厚厚的软垫或抱枕上。但是，如果抱枕被装得胀鼓鼓的，主人就要随时注意观察了。因为抱枕胖胖的高度增加了，腿脚不灵活的狗可能会爬不上去，踩在上面也容易崴伤脚，有一定的危险性。

春季
3～5月

秋季
9～11月

与吉娃娃一起度过一年四季

夏季
6～8月

冬季
12月～次年
2月

春季

3~5月

在这春意盎然、万物复苏的季节里，爱犬可能会遭遇蚊虫、跳蚤、虱子、花粉症等，需要注意的事项可不少。

接种狂犬病疫苗，安心地度过一年

在日本，只要按规定向当地的犬类管理中心提交爱犬的身份证明，就能收到该处寄出的"狂犬疫苗注射通知书"。拿到通知书以后，尽快带爱犬去接种狂犬疫苗是主人义不容辞的责任，不能认为这是件麻烦事。接种的地方，可以是当地的保健所或动物医院。如果选择去医院，便可把寄生虫疫苗等也一起接种了，顺便还能做一下健康检查，可谓一举两得。

虽然春季是温度适宜、柔和的季节，但是也有在这个季节容易患上的疾病，还容易感染寄生虫病毒，所以主人必须认真做好爱犬的健康管理。

护理
care

无论是在室外还是室内，都要帮助爱犬远离寄生虫

进入3月以后虽然寒冷逐渐消退了，但是空气仍然很干燥，这正是导致犬类呼吸系统疾病的原因。在长时间开着空调的房间里，要打开加湿器，或者挂上几条湿毛巾来增加空气的湿度。

空气干燥会导致静电现象频繁发生。尤其是长毛犬，主人可以给它喷洒专用的防静电喷雾剂，能有效减轻被毛的损伤。

吉娃娃的大眼睛特别容易掉入细小的垃圾和灰尘。若是在风大的时候带爱犬外出，回家以后需检查一下它的眼睛，看看眼角有没有异物或分泌物。

虽然吉娃娃平时主要待在室内，但在这春意盎然的季节，外出的机会是比较多的。因此，感染传染类疾病的风险也增加了。但只要给爱犬接种了预防各类传染病的疫苗，便可不那么担心。

春季，犬类极易受到跳蚤、虱子等寄生虫的骚扰。这类寄生虫一般通过肉眼就能找到，所以主人在带爱犬外出散步回家以后，可以一边帮它梳理被毛，一边仔细观察。只要将被毛一缕一缕分开仔细检查，即使有寄生虫也能立即找到并处理掉。另外，使用市售的防寄生虫喷雾也能起到很好的作用。

当然，在家里也有可能发现从外入侵的寄生虫。主人一定要时常检查并清扫爱犬的栅栏，铺设的软垫要及时换洗，保持生活环境的干净卫生。

早春时节气候不稳定，犬类易生病

换季时节易生病，无论是人类还是犬类都一样。在温差很大的时候，主人一定要随时关注爱犬的健康状况，尤其是体力不佳的幼犬和高龄犬，要为它们准备好调节温度的设施。

举个例子，犬类在换季时极易感染一种叫"犬舍咳"的疾病。这种疾病的症状是不停地咳嗽，主要是由病毒和其他细菌合并感染了呼吸道所引起的。如果病情轻微，除了咳嗽之外看不出别的任何异常，但若是病情较重，会引发并发症甚至导致死亡。所以说，如果发现爱犬不停地咳嗽，不可简单认为它只是患了小感冒，应该及时带它去医院。

另外，近几年人们发现犬类也会患花粉症。若是爱犬出现过敏症状，要及时带它去动物医院接受检查，查出导致过敏的具体物质是什么，以后便不可再让它接触到。

让爱犬按时服用预防药物，远离寄生虫的困扰

以前，动物医学尚不发达，因为感染了寄生虫而死亡的狗数量相当惊人，但是现在，一般只要服用了预防药物，远离寄生虫已经变成可能的事。

据调查，若是没有进行预防，在度过一个夏天以后，38%的狗都会感染寄生虫，而第二年夏天过后更是有89%的狗会受感染。虽然说吉娃娃待在室内的时间比较长，但是一样有被蚊虫类叮咬而受感染的可能，所以说主人一定要为它做好预防措施。

即使医院给出的检查结果显示狗已感染了寄生虫，在医学发达的现在，只要尽早治疗都是能痊愈的，并且，通过按时服用预防药物，完全可以让爱犬远离寄生虫的困扰。

除了有蚊虫类寄生虫的骚扰，春季还容易滋生跳蚤和虱子。一旦发现，原则上是必须立即处理，但若是强行拿开正在吸血的虱子会导致更麻烦的结果，拍死虱子也绝对不可以。主人若是在爱犬身上发现了正在吸血的虱子，只能先忍一忍，等它停止吸血了再将其拿掉。

若是被叮咬过的地方变红肿，全身出现发痒等症状，就需要尽快带爱犬去医院接受治疗了。

春季还是肠道寄生虫感染的高发期，主人可以把爱犬的大便带到动物医院去化验，若是检测出了寄生虫，就要让它针对性地服用驱虫药。

肠道寄生虫高发期，幼犬需要特别小心

若是幼犬受到感染，寄生虫会在肠道内吸取它的营养，而严重影响它的生长发育。因此，幼犬必须进行大便化验，若是检测出了寄生虫，就要有针对性地服用驱虫药。感染寄生虫的常见症状有腹部隆起、贫血、腹泻和血便等。

再把视线转移到眼睛和皮肤上，强紫外线的季节开始了

提到紫外线，人们的印象中它最强的时候通常是盛夏时节，但其实，紫外线从3月就开始逐渐增强，在5~7月迎来最高峰。而且，相比起减少外出的夏季，春季温度适宜，人类和犬类都容易长时间在外活动，也更容易毫无防备地长时间受到紫外线的照射。

犬类若是长时间受到紫外线照射，会引发皮肤炎症。尤其是短毛犬，它们的被毛覆盖较薄，对皮肤保护没有那么好，更需要特别注意。同时，还有说法认为，紫外线直射眼睛也是诱发高龄犬白内障的原因。

主人要避免在紫外线较强的10~14点带爱犬外出，但如果必须外出，那就让爱犬坐进带有遮阳棚的手推车里吧。

对处于发情期的雌性犬，主人要管理好它的行动

雌性犬的发情期大多都在春季或秋季，若是在秋季出生又未做过绝育手术的雌性犬，它们的发情期就在春季。处于发情期时，那种平时脾气就不太好的吉娃娃更容易与别的狗发生争执，同时，雌性犬还会引发雄性犬之间求偶的争战。这些都是特别需要主人注意的。

主人还需切记，不可把处于发情期的雌性犬带到犬类聚集较多的场所去。只要在家多陪爱犬玩耍，就能让它忘记被限制外出的不愉快。而针对发情期子宫出血的烦恼，给它穿上犬类专用的生理裤便能解决了。

夏季 6~8月

日本的夏季有可能吞噬狗的生命，防范措施不得有疏漏，避免意外发生

现代日本的酷热与湿气对吉娃娃来说是极大的煎熬

对吉娃娃来说最难熬的季节到来了。天气炎热时，犬类只能靠张开嘴巴吐出舌头并大口喘气来散热。如果夏季湿度极高，会严重影响犬类散热的效率，尤其是细小低矮的吉娃娃身体距离地面太近，更容易被地面散发的热气灼伤，所以需要格外注意。哪怕是一丁点儿疏忽都有可能导致犬类中暑，主人们一定要养成随时确认爱犬所处环境的习惯。

而在最炎热的时候，主人可以请连休长假带爱犬长途旅行，享受无限乐趣。所以说，夏季又是极为宝贵的季节，只要做好了万全的防暑措施并教会爱犬遵守旅游地的规则，那就和它一起外出留下更多美好的回忆吧。

护理
care

清理皮脂与污垢，保持被毛的干爽清洁

从潮湿闷热的梅雨季节到酷热的盛夏这一期间，主人需要特别注意爱犬皮肤的问题。尤其是长毛犬的被毛，若不细致处理就很难干透，极易滋生细菌。主人一定要用毛刷细致地为爱犬梳理被毛，把黏在一起的被毛都梳散开，梳出的污垢要立即清理掉。

其实只要在外出回家后及时用干毛巾为爱犬擦拭全身，并清理掉皮脂与污垢，就能保持它被毛的干爽清洁了。用毛巾擦拭的时候，注意不要让毛巾的尖角刺激到爱犬的眼睛，因为高龄犬的眼角膜是稍微向眼眶外突出的，若是被毛巾的尖角刺激到会引发眼病。另外，外出回家后要检查一下爱犬身上有没有携带跳蚤和虱子等寄生虫。只要从臀部向上反向梳理被毛，一处挨一处仔细检查就能确保不留任何隐患了。

若是给狗洗了澡却不用毛巾把被毛全部擦干，半湿状态更容易滋生细菌，澡也算是白洗了。所以，每次洗澡过后一定要用干毛巾把爱犬的全身擦拭一遍，最后再用吹风机彻底吹干被毛。

梅雨季节过去以后，一定要把狗的栅栏、毛毯和抱枕之类的用具都放到太阳底下晒一晒，紫外线照射是最好的消毒方法。

在这个季节里，还需警惕爱犬发生食物中毒等意外。因为食物很容易变质，常常放一会儿就坏掉了。相比之下干型狗粮的保存时间较长，但是也需要注意，有时候食物即使看起来没有问题，但实际上已经滋生了大量的细菌。主人要细心地照顾爱犬的饮食，可以购买独立小包装的狗粮来给它吃，或是把大包装的狗粮装进密闭容器里妥善地保存。

若是为爱犬自制食物，一定要挑选新鲜的食材。肉和鱼等平时常常生吃的食物，在这个季节还是要煮熟以后再给它吃。

湿漉漉的

进餐时间应该尽量选在早晚凉爽的时候。吃剩的食物不可再留，应该立即倒掉。进餐时洒落在地面的狗粮也必须立即打扫干净。喝水的容器也必须每天认真清洗过后再装入干净新鲜的饮用水。

有的狗在这个季节会变得没有食欲。主人可以喂它吃一些优质的蛋白质，还可以喂它喝一点蜂蜜水，补充每日所需的矿物质。

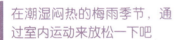

在潮湿闷热的梅雨季节，通过室内运动来放松一下吧

梅雨季节里常常没有想象中那么多外出散步的机会。在下雨的时候也确实没有带爱犬外出的必要。不如就充分体验室内运动，多尝试一些室内的游戏吧。可以借助玩具和小零食来总结出爱犬最喜欢的游戏，陪它愉快地度过。

即便如此，如果连续数日只能待在家中，犬类也难免感到压抑和郁闷。所以主人一定要找准雨停的时机，哪怕只是短暂的片刻，能带爱犬出门去透透气也是不错的。

外出回家以后，切记要用吹风机把爱犬湿润的被毛彻底吹干，把皮脂和污垢清理干净。细小低矮的吉娃娃，腹部和足底的被毛会格外脏，主人一定要将其擦干净，同时还得检查一下它的脚底有没有嵌入柏油马路融化的沥青。

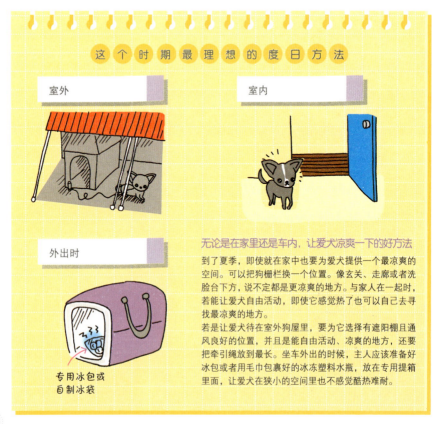

这 个 时 期 最 理 想 的 度 日 方 法

室外

室内

外出时

专用冰包或
自制冰袋

无论是在家里还是车内，让爱犬凉爽一下的好方法

到了夏季，即使就在家中也要为爱犬提供一个最凉爽的空间。可以把狗栅栏换一个位置。像玄关、走廊或者洗脸台下方，说不定都是更凉爽的地方。与家人在一起时，若能让爱犬自由活动，即使它感觉热了也可以自己去寻找最凉爽的地方。

若是让爱犬待在室外狗屋里，要为它选择有遮阳棚且通风良好的位置，并且是能自由活动、凉爽的地方，还要把牵引绳放到最长。坐车外出的时候，主人应该准备好冰包或者用毛巾包裹好的冰冻塑料水瓶，放在专用提箱里面，让爱犬在狭小的空间里也不感觉酷热难耐。

夏季需要特别注意对幼犬的照顾

be careful

免疫力低下、体力不佳的幼犬更需要细致的健康管理

身为室内犬的吉娃娃，大多都是与家人一起在家中吹着空调，惬意地生活着。但如果主人认为"人类感觉凉爽的温度犬类也一定感觉很舒服"其实是陷入了一种思想误区。

因为冷空气会下沉堆积在地面附近，所以对于身高不足30cm的犬类来说，体感温度要比人类低3~5℃。而细小低矮的吉娃娃主要在地面附近区域活动，尤其是娇小的幼犬，人类认为舒适的温度在它看来或许就太冷了，因此很可能受凉生病、拉肚子。主人要在爱犬可以自由进入的地方铺上温暖的毛毯，当爱犬被冻得瑟瑟发抖的时候，便可以自己找过去取暖。

在酷热的夏季外出散步是极为消耗体力的，因此，体力欠佳的幼犬不必每天都外出散步。在室内陪爱犬玩耍，让它消耗一下过剩的精力即可。

在这个极易滋生细菌的季节，如果爱犬的身体闻起来有臭味，被毛摸起来较干燥，可以用幼犬专用的无刺激沐浴液给它舒服地洗个澡。

同时，若是幼犬感染了寄生虫，很有可能危及生命，转眼之间就永远地离开我们。所以主人一定要多咨询专业的动物医生，在爱犬的健康管理方面做出努力。

另外，湿度较大还会引起胃酸过多和消化功能减弱。所以主人还要特别注意爱犬是否有腹泻之类的胃肠功能的异常。

离地面的距离不足30cm

好冷啊

有备无患，应对中毒、过量饮水等意外

　　高温和湿气是诱发犬类皮肤问题的主要原因。若是皮脂和污垢堆积在皮肤上，极有可能引发急性湿疹。发病以后狗的皮肤会变红，瘙痒难受，甚至表现出想用牙齿把被毛都咬掉的症状。所以，主人一定要保持爱犬皮肤和被毛的清洁，避免皮肤病给它带来痛苦。

　　天气炎热时，没有汗腺的犬类只能靠舌头上唾液的蒸发来散热。常常因此而过量饮水，进而导致腹泻、呕吐甚至便血和更严重的后果。夏季补充水分固然很重要，但过量饮水却有百害而无一益。

　　四处乱飞的蚊虫是各类寄生虫的传播媒介，一定要做好防范措施来阻挡它们的入侵。可以在窗户上安装纱窗，当然，服用预防的药物也能起到作用。

　　外出散步的途中，即使只是在树荫下的草丛中休息片刻也会遇上潜在危险。因为犬类极有可能被潜藏在草丛中的寄生虫叮咬而感染。

　　这个季节独有的特征还包括各类中毒，比如杀虫剂和除草剂等的中毒。若是爱犬出现了不明原因的呕吐，主人得把它的呕吐物带到医院去检测，以便医生对症治疗。

瘙痒和酷热都应对不来！

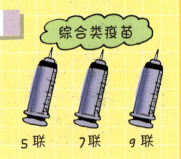

根据地域和生活习惯来选择需要的疫苗

除了狂犬病以外，可以通过接种疫苗来预防的传染类疾病总共有9种。在接种了狂犬病疫苗以后，主人可以自己决定还要为爱犬接种哪几种。因为有些疫苗会有一定副作用，所以在选择接种时，应该根据所处的地域、安全的年龄等多种因素充分考虑，咨询过动物医生以后再决定。一般来说，在有野生动物出没的郊区相比起城市，受感染的几率要高得多。

综合类疫苗

5联　　7联　　9联

注意！旅途中的麻烦事

在景点

让爱犬遵守规则

常常有主人沉醉在吉娃娃的魅力中而忽略了管理它的行为，但不能忘记，世界上有不少人是害怕或者讨厌犬类的。带着爱犬到游客众多的旅游景点时，一定要注意管理好它的行为，不能给旁人添麻烦。为了避免不必要的意外，也为了犬类自身的安全着想，把它装进专用提箱里是最好的选择。吉娃娃性格敏感、容易紧张，无论平时多么乖巧听话，若是来到与从前差别过大的环境中，也容易兴奋激动，进而引发意外。

外出游玩会乘坐电车或者飞机等交通工具，虽然每家公司都有各自不同的具体要求，但是，要求将宠物装进专用提箱中却是人人皆知的共同规定。所以，主人平时就要让爱犬养成能安静待在提箱里的好习惯。

在野外

注意溺水事故

正因为吉娃娃是室内犬，所以在难得的休息日，主人更想带它到大自然的怀抱中去玩耍。但是，看起来没有任何规定的自然环境中，也会有犬类绝不可去的区域，主人一定要先确认清楚。而且，无论是去到哪里都不能解开牵引绳。如果爱犬在陌生的地方与主人走散，就很难找回来了。为了以防万一，外出游玩时还应该给爱犬挂上写有主人联系方式的牌子。

因为有"狗刨式"游泳这一说法，所以常有人认为"犬类是天生就会游泳的高手"，甚至让从未游过泳的狗直接跳进湖里或者大海中。这样做，狗极有可能会溺亡，千万不可这么做。想要带爱犬去游泳，还是应该先让它适应一下湖里的水，托着它的头带它多游多练以后才可以放手。犬类在大自然的怀抱中也有可能因紧张过度而精力衰竭，主人一定要多加注意。

不只是在野外，家中也有中暑的可能

在夏季，最需要警惕的就是中暑了。因为气温和湿度都极高，犬类很可能因体温的自我调节失常而中暑。提到中暑，人们容易联想到盛夏烈日当空的阳光直射，但其实，在凉爽的6月外出途中遇到突然的升温时，或者在密闭空间内也有可能中暑。把爱犬独自留在家中时，主人一定要注意把空调开到适宜的温度，还得保持家中各房间的通风，让爱犬能够在凉爽的地方自由活动。

在驾车出行停车时，即使只是短暂的离开，把爱犬独自留在车中也是非常危险的。主人或许认为自己把车停在了树荫下，但是常常过了几分钟树荫就跑到了另一边去，车子就赤裸裸地暴晒在太阳底下。所以说，即使只是离开一小会儿，只要爱犬在车中，就应该一直开着空调。

中 暑 的 3 种 对 策 !!

转移到凉爽的地方

首先要把狗转移到凉爽的地方，让它安静地躺下。若是在户外，要寻找有树荫的地方，在室内要到通风良好的地方，再调低空调的温度，如果没有空调也要专门安排一个人用扇子扇风。如果爱犬出现意识模糊或是舌头耷拉出来就极其危险了，为避免它在失去知觉后被舌头堵住气管，主人要把它的舌头拉住，用布或者软的东西卡住它的嘴巴，确保它正常的呼吸。

物理降温

想办法尽快降低狗的体温。通常都是一边往身上淋水，一边用湿毛巾包裹它的身体。若是有浴缸，可以将狗全身浸泡在水中迅速降温，但需要注意的是水温不可过低。另外，把湿毛巾敷在狗的大动脉部位（后腿内侧或者颈部）也是迅速降低体温的有效方法。待降到犬类平均体温39℃以后，再尽快将它带到动物医院去治疗。转移的途中别忘记继续为它淋水降温。

补充水分

如果爱犬还能自己喝水，就尽量让它多喝一点水。喝一些补充电解质的运动饮料也可以，但得先兑水稀释一下，把浓度降低到平常的一半再喂给它。若是爱犬已经不能自己喝水了，就不可再勉强喂它。如果水呛到气管，很有可能引起呼吸困难。这种时候必须立即带它到动物医院去输液来补充水分。

气温、湿度和风都是影响体感温度的关键因素

让犬类感觉酷热难耐的三种主要因素就是"高气温、高湿度和无风状态"。想要预防中暑，必须想办法将三种因素全部排除掉，一个都不能留。

需要改变一下散步的路径，要选择通风良好较凉爽的地方。时间最好是在夜间到黎明之前凉爽的时候。细小低矮的吉娃娃除了感受到高气温，还经受着地面热辐射的强烈刺激。柏油马路上的沥青经过白天持续强烈的日照，到了日落后仍然还有余温，极有可能烫伤狗脚掌的肉垫，所以主人一定要亲自用手触摸一下地面，在确认温度完全降低以后才能带爱犬去散步。

中暑是一种会在短时间内就恶化的疾病。常见的早期症状是"四肢乏力、呼吸急促、流口水和身体发烫"。一旦发现中暑症状，主人必须及时为爱犬急救。

如果爱犬的体温上升到40℃以上，出现眼睛和口腔充血红肿、呕吐腹泻、反应迟钝等症状，则表明此时已经有生命危险了。

若病情继续发展，出现痉挛、吐血、全身发紫和失去知觉等症状，那就表明狗已命悬一线，到了万分紧急的境况了。

所以，主人一旦发觉情况有异，应该分秒必争地用前页列举出的施救措施对爱犬进行抢救。在送它去医院的途中，主人的抢救做得恰当与否直接关系到爱犬日后的康复情况。平时，主人也应该准备好各种应急用品，比如装有冰水的保冷瓶、毛巾、防紫外线伞、扇子、体温计、写有医院联系方式的卡片等，以便在出现紧急情况时，能够从容应对。

准备好救护准备

大量的水
☆ 有保冷功能的保冷杯最方便

毛巾
☆ 大号和小号都需要

防紫外线伞
☆ 折叠式的方便携带

扇子
☆ 一把小折扇完全不成负担

体温计
☆ 随时可能会用到

医院联系方式
☆ 可以在手机里面做好笔记

第1章 吉娃娃的魅力

第2章 饲养前的准备

第3章 幼犬的饲养

第4章 成年犬的饲养

第5章 和爱犬一起生活

秋季

9~11月

消除夏季遗留的疲劳，打扮得漂漂亮亮一起去游玩吧！

消除夏季遗留的疲劳，调整最佳状态

到了秋季心情豁然开朗。一定有不少人迫不及待地想带上爱犬外出游玩吧，把它打扮得漂漂亮亮的，多么愉悦啊！但实际上，到了9月，酷暑只是暂时告一段落，高温仍然持续着，犬类同样容易感到疲乏。主人应该多关注爱犬的健康，让它的身心都恢复到最理想的状态。

在饮食方面要好好调理，因为夏季的炎热会使犬类食欲下降，大多都会因此营养不良。到了秋季，要逐渐帮助爱犬恢复正常的饮食与运动量。为了让怕冷的吉娃娃健康地度过冬天，主人一定要在秋季花心思为它调理好身体。对于犬类来说，秋季是最舒适的季节了。主人们，准备好了吗？和爱犬一起体验这个季节无限的乐趣吧！

护理
care

细致地梳理，保持被毛的清洁与健康

　　秋季是犬类换毛的季节，为了迎接寒冷的冬天，全身的被毛逐渐脱落并长出温暖的绒毛，主人一定要每天细致地为爱犬梳理被毛，帮助它顺利地换毛。

　　短毛犬的被毛虽短，但在数量上是远远超过长毛犬的，所以主人不可因为爱犬是短毛就疏于梳理它的被毛，相反它们其实更需要每天的精心护理。这个季节去公园等地散步时，长毛犬的被毛里常常会挂上植物的种子和枯草之类的，使被毛打结成团。所以，每次带爱犬外出散步回家以后，一定要先用梳子把被毛上黏着的种子和枯草全部梳掉，最后再用毛刷细致地梳理。

　　冬天的脚步越来越近，昼夜温差开始变大，即使白天很温暖，早晚的温度也是比较低的。主人一定要随时关注爱犬的体温，不可让它受凉。尤其是幼犬和高龄犬更加经受不住寒冷，一旦受凉甚至可能有生命危险。所以主人一定要为它们准备好暖风机和温暖的毛毯。

　　但主人对健康成年犬的呵护也不可太过于细致，因为那可能会让它变得弱不禁风，甚至错过了换毛期。其实只要错开酷热和严寒，让爱犬多感受大自然的气温变化就能够增强它的免疫力了，使它变得更加健壮。

　　秋季阳光充足的时候，主人应该把爱犬的小床和软垫等拿到太阳底下晒一晒，再使用时就会特别舒服。抱枕和衣服等，也应该洗干净了晾在室外，接受紫外线的照射，既能去除湿气又能杀菌消毒。

要消除夏季遗留的疲劳，最关键的是饮食与运动调节双管齐下

对容易中暑的吉娃娃来说，夏季外出散步的次数是非常少的，所以会因运动量不足而导致肌肉退化。但如果主人因此就急着想让爱犬迅速地恢复运动量，强行让它过量运动，可能会导致它的心脏负担加重、脑供血不足而倒地不起，甚至带来生命危险。主人应该先让爱犬从舒展腰腿的准备活动开始做起，再慢慢地增加每次的运动量，直至恢复从前的标准。

带爱犬外出散步时，同样需要注意时间的选择。9月的正午时分，太阳直射仍然很强烈，路面被晒得滚滚发烫。所以，主人应该选择在凉爽的早晚带爱犬外出，才能让它舒服惬意地活动筋骨。

有的狗或许会一直持续着因夏季炎热而遗留的食欲不振，主人其实不必过于紧张，食量与次数暂时的减少都是正常的。可以在食物中加入一些它爱吃的零食作为特殊照顾，慢慢地勾起它的食欲。

对于因夏季炎热而食欲不振的幼犬，主人可以喂它吃一些优质的蛋白质或是喝一些蜂蜜水来补充体力。在幼犬满了3个月以后，还可以喂它吃一点水果。

加油！！

又要让它吃好又不能让它长胖！！两全其美最难得了。

食欲回升以后，又要注意肥胖症

随着天气转凉，狗的食欲也开始恢复正常了。为了抵御冬季的严寒，动物的身体会出于本能地储备皮下脂肪，开始摄入大量的热量。但其实，这只是从前生活在野外的犬类的需要，现代长期生活在室内的吉娃娃，即使冬季也并不需要过多的皮下脂肪，相反地，脂肪超标还会引发肥胖症。吉娃娃如果太胖就会患气管塌陷，当然，腰腿部的负担也会变重，实在是太难受了。

吉娃娃发胖的倾向一般都开始于5岁以后，但主人不可认为这是自然趋势就放弃帮

助它减肥。用合理的饮食来帮助爱犬保持体重是主人的责任。在平时的生活中，如果家庭成员背着主人悄悄地喂狗吃零食，也可能导致它发胖。因此，关爱犬类的健康只靠一个人的努力是远远不够的，明智的做法是在家中制定规则并严格地执行。

犬类一旦长胖，再想让它减肥就太难了。减肥期间的空腹状态会给它带来极大的困惑。所以，平时主人就应该严格控制爱犬的食量，一旦察觉它有发胖迹象，要果断实施"膳食纤维计划"，在爱犬的食物中添加蔬菜之类的粗纤维，既能增加饱腹感，又能减少热量的摄入。

根据幼犬大便的情况来调整它的饮食

到了秋季，幼犬的食量会有所增加。主人要每天观察爱犬排便的情况，如果一天之内排便达到3次及以上，那么即使大便的状态很正常也需要稍微减少它的食量。虽然爱犬看起来还是小小的，但只要满了10个月，就不该再继续吃高热量的幼犬专用狗粮了。

干燥易引发皮肤病

干燥的空气会吸收皮肤的水分，让狗的皮肤变得干巴巴的。犬类皮肤的厚度是很特别的，仅有人类皮肤厚度的1/3 ~ 1/5。过于干燥，极易引发皮肤病。如果发现爱犬的被毛摩擦时发出吡吡的声音，瘙痒难受的样子，就说明它的皮肤太干燥了。

如果感觉爱犬的皮肤出了问题，应该先带它去动物医院接受诊断，再根据医生给出的诊断结果用最适合的方法为它补水和保湿，不可随意处理。因为造成犬类皮肤病的原因有很多，比如外界压力、自身激素分泌异常等，或许并不像想象中"只要注意保湿就没问题"那么简单。也就是说，护理要以医生开出的诊断结果为依据，可以喷药用的保湿喷雾，或者在洗澡时使用保湿效果较好的沐浴液，还可在它的食物中添加少许的植物油。

第1章 吉娃娃的魅力

第2章 饲养前的准备

第3章 幼犬的饲养

第4章 成年犬的饲养

第5章 和爱犬一起生活

冬季

12月至次年2月

严寒是吉娃娃的大敌。
让狗狗远离寒冷，健康过冬。

晚餐和节日大餐都不可以吃太多

　　在圣诞节和正月期间，越来越多的人会把爱犬打扮得光鲜靓丽，带着它一起去走亲访友。面对眼前一大桌美味佳肴，亲友们常常难以抵挡盛装打扮的吉娃娃那渴望的眼神，不由得就把盘中的美食分给它们吃了。但其实圣诞与正月的大餐通常都含有较高的糖分和盐分，极易导致消化不良、胃炎以及肥胖等疾病。所以，主人事先就应该委婉地告知亲友，人类的大餐对犬类并没有益处，不可以给它们吃。

　　在给爱犬拍纪念相册的时候也有不少人会为了诱导它摆出好看的姿势而喂它吃零食，同样很可能导致爱犬吃太多而长胖，也需要引起注意哦。

护理
care

干燥的空气是导致被毛打结和皮肤问题的元凶

空气干燥的冬季，犬类的被毛容易变得干枯没有光泽。长毛犬的被毛极易打结，特别是耳朵与尾部的饰毛。主人应该先用梳子把爱犬打结的被毛全部梳掉，再用毛刷对全身进行细致的梳理。

尼龙制的毛刷极易产生静电，在冬季最好不要使用。细致的梳理能让爱犬的被毛更健康、更有光泽，还能促进在冬季容易变弱的血液循环。

吉娃娃是极不耐寒的犬种，尤其是短毛犬，它们的被毛太短，保暖效果也相对较差。在带爱犬外出时，一定要做好防寒措施，可以给它穿上小棉衣，裹上小毛毯。只是在选择衣服时要注意材质，虽然羊毛含量较高的化学纤维保暖效果良好，但是极易产生静电，所以尽量不要选择这类材质的制品。

摩擦犬类的被毛会产生静电，导致被毛受损、打结和掉毛。静电还会让犬类感到不愉快，甚至产生恐惧的情绪。

天气变冷后人类与犬类都会变得慵懒，但若是爱犬身上散发出臭味，被毛也变得脏兮兮的，就应该赶紧给它洗个澡了。成年犬一般可以每2～3周洗一次。

要给爱犬洗澡应该选择在天气晴朗的日子，并且提前将浴室升温，洗澡时记得要使用沐浴液。若是长毛犬，在洗澡前还应仔细清理掉打结的被毛。

适合幼犬的饮食与环境

幼犬若是吃了冰冷的食物会凉到肠胃导致拉肚子。主人应该把食物加热到40℃左右再喂给它食用。还应该在栅栏中为它放置宠物专用的取暖器，铺上毛毯和厚毛巾等。

室内外的巨大温差
容易使犬类生病

在幼犬成长到6个月左右的时候，主人应该时常检查一下它的牙齿。看它的乳牙有没有全都掉光，如果长成了犬类易患的双排牙会引起口臭和牙结石等问题，需要去医院接受诊断并治疗。

一般来说犬类都是很耐寒的动物，但吉娃娃却是个例外。一旦受凉极易患上风湿性关节炎等疾病，身体也会出现各种问题。

最需引起注意的是巨大温差对犬类身体的影响，主人要尽量避免把爱犬从温暖的室内直接带到天气恶劣的室外。因为在自然界中是不会出现仅一墙之隔就存在10～20℃温差的，所以动物的身体会对室内外的巨大温差发出强烈的抗议。那些心理方面有疾病的幼犬和高龄犬更加接受不了严寒。要带狗外出的时候，应该先让它在玄关等温度比较低的地方待一会儿，适应一下低温再出门。

在雨雪等恶劣天气，没有必要带狗外出。主人可以在室内陪爱犬玩耍，"拉绳子"和"你丢我捡"等游戏都很能激发犬类的兴趣，在室内也可以让它开心地度过。

好冷啊！！

让爱犬在玄关处适应一下温度的变化

真暖和！

再次确认爱犬的居住
环境是否太冷

主人应该时常检查爱犬居住的环境，比如放置栅栏的位置，因为若是不开空调，即使白天阳光透过窗户照射得很暖和，到了晚上室温也会骤降。所以，冬季时尽量不要把栅栏放在窗户边上或者走廊等人很少会去的地方。在不得不把爱犬独自留在家中时，别忘记为它打开空调或专用的取暖器，千万不可让它着凉。

好奇心强烈的吉娃娃在家中其实是个麻烦制造者。主人得时刻注意它的行为，一不留神它可能就会用嘴巴去咬取暖器的插座，极可能导致触电。为防止意外，可以给插板加上安全保护盖，或者把插板放在比较高的地方。

注意人类与犬类对空调送风的体感温度有差别

暖空气是往上走的，所以，尽管人类感觉室内的温度暖和又舒适，但犬类仍然可能感觉寒冷，因为它们大多都是在地板上方低矮的位置进行活动。主人别忘记时常检查，确保爱犬不会被冻到，尤其是娇弱的幼犬。

 当心冬季常见的取暖器低温灼伤

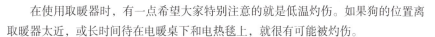

在使用取暖器时，有一点希望大家特别注意的就是低温灼伤。如果狗的位置离取暖器太近，或长时间待在电暖桌下和电热毯上，就很有可能被灼伤。

低温灼伤刚开始的几天是看不出什么症状的，只是过几天后肤色会发生变化。同时，因为低温灼伤的部位并不像普通烧烫伤那样会出现水泡和皮肤溃烂等症状，所以有很多主人并不重视，但实际上皮肤已经受到很严重的损伤了，甚至有许多伤到了脂肪层。若是放任不管，会造成灼伤部位的炎症加剧，极有可能导致组织坏死。所以，在发现爱犬低温灼伤的症状以后，主人应立即带它到医院接受治疗。

其实低温灼伤的预防措施有很多，比如用厚的毛巾把热水袋多包裹几层，或者在取暖器四周围上一圈隔离带等，让爱犬远离高温设施就可以了。当爱犬在取暖器旁边待了较长时间以后，也应该摸摸它的身体，如果太烫就要关上取暖器，或者是把它转移到远一点的位置去。

住宅环境对爱犬的影响

少人在孩童时代都曾有过养狗的经历。如今的养狗生活令人惊叹不已，专门针对犬类的商品和服务花样繁多，流行的犬种也随着时代的发展有了不小的改变。

其中变化最明显的可以说是饲养室内犬的人数剧增。与多年以前截然不同，饲养室内犬已经成为当代宠物界发展的主流。尤其是像吉娃娃这样的小型犬，几乎可以说是100%适合室内饲养，所以哪怕是在小公寓里，饲养它的人也越来越多。

然而，现代的住宅对于犬类来说其实潜藏着各种意想不到的危险。都市的住宅楼中，日式布局的房屋不断在减少，屋内基本上都铺着木地板。犬类在光滑的地板上行走很容易摔跤，这也是导致它们腰腿伤痛的主要原因。为保证爱犬在行动时的安全，主人可以在家中铺上地毯之类的防滑设施。另外，近几年的住宅楼都设计得比较封闭，通风也欠佳。在湿热的夏季，若是不采取有效的措施，犬类即使待在家中也有可能中暑。吉娃娃是不耐寒暑的犬种，主人一定要精心为它营造一个温度舒适的环境，必要的时候还要打开空调。

另一方面，现代室内环境又因人为调节湿度和温度，极易滋生虱子等寄生虫。狗每天使用的抱枕一不留神就会变成虱子的温床，还有布偶玩具等，主人一定要定期仔细清洗，给爱犬一个干净舒适的家。

第**5**章

和爱犬一起生活

通过富有挑战性的游戏和吉娃娃一起拍照，
充分享受和爱犬生活的乐趣。

通过生命地图了解爱犬一生重要的时间点

一起来看看犬类的生长记录表。

出生2周后

出生后2～4周，狗的五官变得灵敏，开始进行微量的活动，同时也准备断奶。

出生1个月后

在出生后1个月左右，幼犬开始离开母犬，到处去冒险。

出生3个月后

2个半月～3个月

来到新家，成为家庭重要一员

最适合将幼犬接回家的时期。此时它已经能够适应新的主人和环境。但如果过早离开母犬和兄弟犬，就等于剥夺了它学习的权利，它学不到与别的狗相处的方法，对性格的养成会造成不良影响。

观察爱犬大便的状态，看它有没有呕吐等症状

爱犬刚到家里时，要继续喂它以前吃的狗粮。随时观察，只要爱犬的大便状态没有异常，就可以逐渐添加、更换其他的食物。随着爱犬的成长，主人可以改变它的食量和食物的硬度等，但都要根据它大便的情况来调整。

过量运动有危险

幼犬的身体还未发育成熟，如果让它以自己的意愿尽情玩耍不休息，很有可能导致低血糖和突然昏厥。主人要严格控制幼犬每天玩耍的时间，保证它充足的睡眠。

注意不可因怜爱而过分干预狗的行动

离开母犬和兄弟犬，面对全新的环境，幼犬刚到新家时是非常不安的。但主人如果过分干预它的行动也会让它感到惶恐。主人应该做的，其实是默默守护在爱犬的身边，让它自己克服心理恐惧，勇敢地适应新家的环境。

第2次接种疫苗后，带着爱犬外出散步吧

在接种完2次（有的医院要求3次）疫苗，再观察2周以后，就可以尝试带爱犬外出散步了。最开始爱犬的足部可能会有些水肿，主人要耐心陪伴它，让它一边慢慢适应，一边体会外面世界的乐趣。

开始认识社会

出生后8～12周是犬类认识社会的最佳时期。主人要带爱犬多接触陌生的人与事物，去各种地方听不同的声音，让它逐渐习惯人类多元化的社会。让细腻敏感的吉娃娃充分认识社会，长成一只落落大方的狗。

汪！

第1章 吉娃娃的魅力

第2章 饲养前的准备

第3章 幼犬的饲养

第4章 成年犬的饲养

第5章 和爱犬一起生活

5～6个月

开始产生自我意识，情绪波动变大

幼犬对外界的警戒心开始萌芽，相当于人类的青春期。情绪波动变大，表现出攻击性，不让任何人靠近它的地盘，有的狗甚至还会反抗主人。

一起了解一下母犬月经初潮的相关知识

母犬在发情时，身体和行为都会发生特征性变化，主要表现为会阴肿胀、频频排尿、行为改变、兴奋感增强等。因为母犬会自己将月经舔食干净，所以有时候主人并不能察觉到爱犬的发情期已经到来。

母犬的气味就是公犬发情期的导火线

公犬的发情并不像母犬那样有固定的周期和规律。常常是一受到发情期母犬气味的刺激就有强烈的反应，会紧追着母犬，随时随地都想骑跨在它的背上。

出生5～6个月后

9个月

性成熟阶段，开始迎来月经初潮和发情期

犬类一般在7～10个月进入首次发情期，之后，每隔6～8个月就会有一次发情期。母犬在出生后的第一次发情期，身体并未发育成熟，最好避免交配。公犬一般在10个月以后就具有生育能力了。

突然变得不听话了！

开始对地位高低有了新认识，有的狗甚至想超越主人的地位。其中有一些聪明的吉娃娃，在感受到宠爱以后，会做出舔舐主人的动作。

出生9个月后

快快长大吧！

1岁以后的详情请看下一页

1岁

度过了体力娇弱的幼犬期，向着健康硬朗的成年期茁壮成长。

2岁

3岁

6岁

虽然仍处于成熟时期，但新陈代谢的速度开始减慢

这个年龄是狗身体情况的转折点，它的各项机能已经逐步停止发展，新陈代谢的速度也开始减慢。最需引起注意的是狗的中年发福，许多吉娃娃都有发胖倾向。另外，吉娃娃的牙齿和牙龈比较脆弱，其中有些狗还会患上牙周病。

1岁

形体发育完全，看起来就是只"成年犬"了

无论怎么看都是一只成年犬。除了体型大小，骨骼、肌肉和各项身体机能都发育成了成年犬的标准。但是，此时狗的内心还只是个小孩，仍然会淘气捣蛋。用人类的标准来判断，它还只是个青少年。

2岁

虽然身体年龄相当于人类的20岁但内心仍然是小孩

虽然狗的外表看起来已是成年犬，但内心并不成熟。它常会缠着主人满足自己的要求，不达目的不罢休。但若是什么都满足它，可能会养成任性的习惯。所以，主人要立场坚定，对爱犬的无理要求果断拒绝，不可宠溺。

3岁

成熟时期，体力和力量都不断完善

狗的身体和心理都发育成熟，对什么新事物都想挑战一番，与主人沟通的能力也大幅度提高。在这一时期，长毛犬和短毛犬的被毛都已完全长好，无比好看。

6岁

 饮食

将幼犬专用狗粮更换为适合成年犬的狗粮

在幼犬出生后10个月的时候，就要将狗粮更换为成年犬专用的类型。幼犬专用狗粮是为满足生长发育的需要而配制的，含有较高的热量，如果成年犬继续吃这种狗粮，很容易患上肥胖症。

 运动

健康和好身材，手到擒来

虽然吉娃娃并不需要太多的运动量，但是为了健康结实的身体，每天的运动是必不可少的。话虽如此，过量的运动又会给身体带来负担。所以主人应该根据爱犬的状态，让它做一些放松身心的自由活动，运动的强度一定要适可而止。

 压力

一步一步克服心里的恐惧

运动不足其实是犬类压力堆积的主要原因。即使是雨天，主人也应该陪爱犬在家中玩一些小游戏。因为吉娃娃敏感而神经质，一点小困难都会带给它特别大的挫败感，所以主人一定要耐心鼓励它，让它逐渐克服心里的恐惧，战胜自我。

主人的大意很有可能导致意外的发生

养狗有种说法叫"第一年谨慎第二年看，第三年大意事故不断"。有很多主人因为前一年平安无事，所以第二年也就放宽了心，但这其实是一种侥幸心理，是养狗生活的大忌。

7岁

虽然看起来仍然年轻但实际上狗已迈入老年时期

虽然外表上看起来并没有变化，但狗的确迈入了老年时期。睡眠时间变长、不爱走动，各种衰老迹象纷纷出现。因为狗变得更加怕冷，所以被毛掉落长出新绒毛，身体看起来很臃肿。

饮食　选择对牙齿和肠胃都柔和的食材

把狗的饮食更换为易消化低热量的老年犬专用狗粮。有的狗牙齿不好，主人应该为它把食物泡软或切成细小颗粒。还有的狗到了老年时期食欲会大增，这就需要在它的饮食中添加各种低热量的蔬菜来增加饱腹感，既可以多吃又不会长胖。

老年时期，最重要的是要让爱犬轻松、健康地度过，而不单单只是延长它的寿命。

运动　运动可以继续，但不能给它造成任何负担

高龄犬保持散步等轻微运动既能维持体力又能调节情绪。但是，主人应该随时关注狗的状况，如果它表现出疲惫就要减少运动量。在严寒、酷暑或下雨等恶劣天气，就没有必要带它外出散步了。

压力　哪怕是细微的变化也会让狗感到困惑

高龄犬接受不了任何变化。因为狗的五官功能都已明显衰退，从身后发出的哪怕极其微小的声音也可能使它吓一大跳。所以，主人要尽力为它营造一个稳定的环境，让它远离刺激和改变，度过一个安详的晚年。

7岁

13岁

肾脏功能衰退等高龄现象越发明显

无论是外形还是身体机能都表明狗已进入高龄时期。五官和内脏机能，以及运动能力都大幅度下降，曾经对它来说轻而易举的事情，现在做起来比登天还难。主人应该多关注狗的状态，必要时从饮食、运动和居住环境等方面做出调整。

15岁

犬类的耄耋之年，尽可能让它最惬意的生活

这个阶段唯一要注意的就是给狗最多的舒适感，不可勉强它做任何事情。因为狗的胃肠功能明显衰退，常引发稀便或腹泻等症状，无论怎么吃也阻止不了地消瘦。所以主人要用心照料它的饮食，可以喂它高龄犬专用的高营养狗粮。

10岁

10岁

狗的眼睛、被毛和行动等都表现出它已完全是一只老年犬

眼睛变得浑浊、被毛稀疏，光看外表就知道它很苍老。狗的行动也变得迟缓，对外界刺激提不起兴趣，漠不关心。这个时期的狗体质弱易生病，主人一定要多关注它的身体状况，更加细致地照顾它。

13岁

15岁

吉娃娃的寿命是很长还是较短？

一般来说，15岁的吉娃娃就算是高寿了。顺便给大家普及的是，吉娃娃极少出现卧床不起的情况，同时也很少患上需要长期治疗的慢性疾病。也就是说，吉娃娃的主人们长期照料病犬的概率也相对其他犬种要低得多。

享受与吉娃娃共同生活的乐趣

饲养吉娃娃，不带它去挑战各种好玩的事情实在太可惜。

参加各种活动，让养狗生活更丰富多彩

养狗不仅可以让世界更多彩，还能丰富人生的阅历。主人尽可以带着爱犬去挑战各种好玩的事情，一起创造更多无可替代的美好回忆。

饲养吉娃娃，与它悠闲地度过家中时光就已很好，但主人也可以试着把它打扮一番外出游玩，一定会发现它截然不同的一面。周围的人们看见它被打扮得漂漂亮亮的样子，也会忍不住赞美一番。聪明的吉娃娃在听到别人的夸赞后，那得意扬扬的表情，一定迷得你神魂颠倒。

在此我们来介绍一下饲养吉娃娃能体会到的众多乐趣。为了让养狗生活变得更加丰富多彩，主人应该带爱犬去尝试各种活动。

参加网友见面会

让主人们带上各自的吉娃娃相聚在一起

带着爱犬去参加网友见面会吧。各种毛色的吉娃娃欢聚一堂，多么令人兴奋啊。主人们还可以分享各种有用的信息，互帮互助，其乐融融。

参加犬类时尚秀

华丽的时尚秀带你见识全世界最出色的吉娃娃

犬类时尚秀（选美大赛）对参赛资格的要求很高，但是精彩的表演谁都可以去看。观众在那里能欣赏到各种容貌俊美的出色吉娃娃，不仅增长了见识还能学习到打扮爱犬的方法。犬类时尚秀的具体时间可以在JKC（日本犬业俱乐部）的官方网站上进行查询和确认。

※法人组织：日本犬业俱乐部（http：//www.jkc.or.jp）

参加小狗聚会

幼犬聚在一起，可以互相学习社交礼仪

为了让幼犬充分认识社会，可以带它参加各地组织的小狗聚会。这可是仅限幼犬参加的宝贵活动。在聚会中，小狗们可以与别的幼犬一起玩耍，通过各种体验来充实自己对社会的认识。在与其他幼犬的对比中，主人也更能明了爱犬的个性和优点，有着深远的意义。

带爱犬体验各种流行的元素

在各种流行时尚的场所留下美好回忆

吉娃娃体型细小，最适合带着一起出行游玩了。带上它在各种流行的场所留下彼此共同的美好回忆吧，可以去的地方有咖啡厅、允许犬类进入的商场和允许犬类留宿的旅馆等。还有一些更加难得的地方，比如专为爱犬者开设的温泉、香薰沙龙和瑜伽馆，有机会一定要和爱犬一起去体验一下。

把吉娃娃打扮得光彩照人

把吉娃娃打扮得时髦又好看，让大家都对它目不转睛

饲养着这么可爱的吉娃娃，如果不打扮一下实在是太可惜。各种小衣服和装饰品琳琅满目、应有尽有，名流系的、少女系的、可爱风的和绅士风的，何不每种风格都让它尝试一下呢？气质也立刻就不一样了。偶尔还可以让爱犬和主人穿上配套的"亲子装"，去各种流行的场所，一定回头率十足，让旁人都羡慕不已。

把我家的吉娃娃拍得萌萌的

简单几招教你拍出让旁人羡慕不已的绝美照片！

爱犬最好的摄影师就是它近在咫尺的主人

把爱犬的成长点滴拍成相册留念，顺便也记录它的成长过程，无论看多少遍都会觉得回味无穷。比起专业的摄影人员，狗的主人更能抓拍到它的每个经典动作和表情，因为主人每天陪在爱犬身边，与它亲密无间。

要拍摄这样好动的对象，最好选择快门速度较快的相机，在1秒钟内尽可能地多拍一些照片。同时，我们也更推荐室外拍摄，因为虽然用肉眼看起来室内的光线很清晰，但在照相机的镜头中其实是偏暗的，会影响拍照的效果。

最易于操作的莫过于数码相机了，可以多次按下快门重复拍摄。主人可尽情为爱犬多拍照片，最后再选出满意的保存或者冲洗出来。

拍照之前要先给爱犬梳理被毛

总算抓拍到爱犬的经典动作和表情了，但如果看到照片中的它被毛脏兮兮、邋遢的样子，真是所有的辛苦都白费了。尤其是近照，哪怕有一丁点的不干净都能看出来，更别说吉娃娃大眼睛里的分泌物了。所以主人平时就应该多注意爱犬的形象，拍照时更要把它打理得干干净净的。若是在摄影棚拍照，也要带好毛刷和纸巾之类的清洁用品，把它的外形打理好了再留影。

梳理被毛，让被毛柔顺整齐，漂漂亮亮。

用纸巾把眼角的分泌物和嘴角的食物残渣擦拭干净。

要点1 把镜头竖着，拍出肖像画的感觉

人们在使用相机的时候通常都是横着拍的，但若是竖着拍，感觉就完全不一样了。镜头竖着拍出的照片，背景的比例相对较少，要是距离再拉近一点，看起来就像是专业摄影棚里拍出的肖像画一样，气魄十足。竖的照片只需把爱犬身体的一部分拍出来就足够了（如左图），尽可能地靠近它，顺着光线，便能拍出较好的效果。

要点 2　加速按下快门，抓拍更难得的瞬间

挑战一下，试着抓拍爱犬运动的瞬间吧。但拍摄对象的运动速度越快，照片越容易模糊。为了拍出清晰的照片，要把快门的速度设置成 1/60 秒、1/120 秒或者更快。若是带有连拍功能的相机，可以连续拍摄爱犬运动的瞬间，最后筛选删除不要的照片即可，非常方便。拍摄地点，尽量选择在阳光充足的室外或是光照良好的房间。

拍 摄 中 用 到 的 小 物 品

零食

真空包装的鸡胸肉

牛肉干

浴巾或毛巾

照相机

能发出声响的玩具

哗……

即使是专业动物摄影师，在拍照时也需要借助各种小玩意儿来吸引狗的注意力，最常用的是各种零食和小道具。主人可以一边发出"等一等"的口令，一边拿出小零食诱导爱犬，将它的注意力吸引到镜头前。若是想抓拍爱犬惊喜的表情，最高明的做法是在按下快门之前把它喜爱的玩具或发声的小球亮给它看。为了把吉娃娃拍出最好的效果，专业人士都会把镜头放低到与它相同的高度。如果是在室外，拍摄人员甚至得直接趴在地面上，身下铺一条大毛巾就可以了。

人们常常都是手持相机站立着给狗拍照。这样一来拍出的照片只有一种俯视狗的感觉，难以拍出真情实感。但从另一方面来说，若是想强调吉娃娃对主人撒娇依赖的感觉，从人类的视角来拍摄也是可以的，但需要拍摄人员有精湛的技艺了。

！

咔嚓！

虽然呼叫爱犬的名字即可让它转移视线，但若只是叫名字，是很难让它的注意力一直集中的。主人可以尝试打响指、大声呼唤或是借助能发声的玩具来吸引它的注意力。另外，狗对运动着的事物更感兴趣，所以可安排一个人在相机后面晃动玩具。但效果最好的道具还要属小零食。主人得先对爱犬发出"等一等"或"坐下"的口令，在它乖乖站定时立即亮出零食，然后尽快抓拍。与此有相同效果的做法是在相机后方晃动装有零食的袋子，发出淅淅沙沙的声音。在拍完照以后，记得要把零食奖励给爱犬，不能辜负它的期望。

屡试不爽！ 请朋友站在相机后方帮助吸引狗的注意力

给狗拍照时，人们通常会借助各种小道具来吸引它的注意力，但要在狗把视线转移过来的瞬间及时按快门其实并不容易。所以可以向家人或朋友寻求帮助，让他们站在相机后手持玩具，把玩具拿到最靠近镜头的位置来吸引狗的注意力。

咔哒！

试试蹲下来，把相机拿到与狗的视线相同的高度来为它拍照，这样拍出的照片会很有代入感。若是把相机放得更低，从下往上地拍，更能拍出它英勇的气魄。

颜色搭配是关键！

如何搭配主人服装的色调与爱犬被毛的颜色

在拍合照的时候，主人的服装通常就是爱犬的背景，所以，为了拍出的合影没有违和感，主人要穿能够衬托它被毛颜色的服装，也就是指服装的颜色不可与爱犬被毛的颜色太接近。因为如果两者颜色一样，拍出的照片就很难看出它的外形了。同时，爱犬也是合影中的主角，所以主人不可穿太过显眼和花哨的服装，否则同样会影响它完美轮廓的呈现。

顺光与逆光

迎面而来的顺光还是与之相反的逆光？侧光拍摄别有一番韵味

若能熟练地运用每一种光线，更能体会到摄影带来的无穷乐趣。顺光拍摄时光线正对着拍摄主体，逆光则与之相反，光线是背对着拍摄主体的，侧光拍摄时光线从被摄体的侧面照射过来。一般来说顺光拍摄的被摄体能获得更多光源，所以拍出的照片效果较好。但逆光修饰过的照片可勾勒出狗的美好轮廓。而侧光拍摄出的照片有明暗的反差，可以烘托出特定的意境。主人在给爱犬拍照时可根据自己想要的效果，来决定利用哪一种光线。

人们在与犬类拍摄合影时，常常会拍出主人的全身照，像吉娃娃这样的小型犬在照片中一不留神就成了主人脚边微小的影子，五官当然就很难看清楚了。因此，想要拍出好的合影，主人应该把吉娃娃抱在怀里，或是蹲下来把脸靠近它的头部，还要与摄影者沟通，即拍摄时只需拍出人与狗的头部特写，并不必照出全身。这样一来，便能完美地拍出主人与爱犬亲密无间的感觉了。

首先要让狗知道，这里有玩具了哦。

想要拍出吉娃娃行动敏捷的特点，可以把带有挂绳的玩具系在长棍子上并晃动玩具来吸引它的注意力。在吉娃娃追赶玩具的过程中便可以抓拍它的各种动作。拍摄爱犬运动状态的照片也是最考验摄影者技术的了，但只要抓拍及时，一定能够记录下各种经典的瞬间：狗专心致志追赶玩具的样子、没有追到玩具失落的样子、追到玩具后兴奋得意的样子等。这样的照片，除了记录下爱犬的表情和动作，更能让人感受到它活泼的个性和旺盛的生命力。即使拍出的照片中可能会有一些模糊的部分，但其实这更有动感的特点，所以摄影者大可不必太在意，尽情地多拍一些照片吧。

盯上玩具时微妙的表情和动作。

紧追着不停晃动的玩具。

追到啦！！好满足，喔喔……

犬类是生性好动的物种，给它们留影绝对是高难度的事情，想要给两只或两只以上的狗拍合照，就必须使出绝招了。这个绝招就是把狗装在篮子里来限制它们的行动。在给狗拍合照时需要特意准备一个漂亮的篮子，可以在里面铺一张好看的布料，拍出的照片会更可爱。还有个办法是把狗放在一个它们不敢往下跳的足够高的高台上，这与把它们放进篮子有异曲同工之效，但需要注意安全，以免狗从高台上摔下来。

在这里要特别提一下，有时候两只狗会像图中这样一起爬到篮筐上，为了让篮子稳住不倒下来，可以在里面装入重物来保持平衡。

把吉娃娃装进篮子里，更能凸显它的小巧可爱。

想要跳出篮子时，搭在篮筐上的小爪子也好可爱。

纵身一跃跳出篮子，灵活矫健的吉娃娃尤其可爱。

把好朋友们一起装进篮子来个大合照，不错吧？

饲养吉娃娃的
问与答

从行为和健康方面的烦恼，到如何与爱犬更融洽地相处，面临的各种困难给出最忠恳的建议与解答。对主人们将会

Q 1 明明很想带爱犬一起出去玩，它却一副不乐意的样子……

A 1 饲养小型犬的吉娃娃，主人无论是去哪里都会想把它带上。吉娃娃非常细腻敏感，对外界保持极高警惕，主人平时就应该让它接触各种事物，逐渐适应与人相处的生活。这样一来，以后无论走到哪里，都能让它保持一颗冷静的平常心愉快地面对。另一方面，犬类其实也有自己的偏好与厌恶，它们中有的或许并不喜欢去遛狗场这样的地方，主人要细心观察，尽量让爱犬做它爱做的事，去它爱去地方。

2 叫它一起玩耍，它却表现得并不感兴趣，这是为什么呢？

A2 吉娃娃生性活泼好动，肯定是希望主人陪它玩耍的。但若它表现得并不感兴趣，很可能是因为主人没有让它感觉到诚意。因为犬类在玩耍时会出于捕猎本能做出奔跑、追赶以及捕食等动作，若主人在陪它玩耍时不够投入，没能忘我地尽情嬉戏，或许会让它觉得无趣，自然就表现出一副不在意的样子。另一方面，雌性犬在年满1～2岁以后，会变得成熟稳重，也就不再像小时候那样沉迷于游戏了。

3 如果有困难，向谁求助最好呢？

A3 我们首先建议大家向犬舍专业饲养员或卖家咨询。其中有的饲养员是专门从事吉娃娃的饲养工作，有丰富的经验与相关知识，非常值得信赖。而在爱犬生病的时候应该先咨询动物医生。如果是在教养方面遇上了困难，那就可以寻求专业训练员的帮助了。若是朋友圈里也有饲养吉娃娃的人，那么他很可能也经历过相同的烦恼，一定乐意帮你解答疑问，并把成功的经验与妙招毫无保留地分享给你。

4 最喜欢出去玩了，允许带狗进入的场所还会增多吗？

A4 近几年在日本，允许带狗进入的场所变得越来越多。很多咖啡厅就设有专为宠物主人提供的露天座席。如果主人们的素质继续提升，一定会有更多的场所向犬类和它们的主人打开大门，欢迎他们的到来。其实，只要在平时训练好爱犬，让它学会遵守规矩，那么无论去哪里它都能表现良好不惹麻烦。即使周围是从没养过狗的人，也一定可以和睦共处。

5 想让爱犬改掉咬手玩的坏毛病，该怎么办呢？

A5 养狗的人几乎都有过手被爱犬咬着玩的经历，主人对于爱犬的啃咬不可太过生气，应该在它咬着玩之前或之后以低沉的声音告诉它"不可以！"因为爱犬咬着玩与它平时啃咬食物是不同的，这也是它表达对主人喜爱的一种方式，主人不必因自己的厌恶刻意制止它。但若是爱犬咬着玩时用力过猛自己感觉疼痛了，就得立即大声说出"咬痛我了"来警告它。在这里我们温馨提醒一下那些允许爱犬咬着玩的主人，如果有朋友到家里来做客，应该先将爱犬咬手玩的习惯告诉他们，以免朋友不知情被吓到。

6 幼犬食量这么小，真担心它能不能健康成长。

A6 吉娃娃的幼犬中常有那种食欲不太好的狗。幼犬如果不好好进食是很可能有生命危险的。主人在爱犬的饮食方面原本是应该严格控制的，不能养成挑食的坏习惯，但是对于食欲不好的幼犬就不可一视同仁了，应该先想方设法让它吃一点东西来维持体力。可以把芝麻酱和奶油之类的涂抹在它的上颚部位，它感觉不舒服自然会用舌头去舔食，这样就慢慢地吃下去了。还可以买一些专用零食来喂幼犬，它们都很喜欢美味的零食。

7 被路人说道"明明是吉娃娃却长这么大的个子"。

A7 虽然吉娃娃是超小型犬，但是它们的体型其实有大有小。在日本犬业俱乐部出台的规定中，认为吉娃娃的体重在 1.5 ~ 3kg 之间都是合格的。所以，并不是说吉娃娃一定就要越小越好，也时常有超出标准体重，重达 5kg 的吉娃娃。但因为日本人的审美观念里小的就是可爱的，所以还是有许多人希望吉娃娃要尽可能小才好。在此我们要特别提醒大家，过度地追求小体型对狗的健康或许会造成不良影响，应该坚决地抵制。

8 一见到毛刷就逃跑，无法给它梳理被毛。

A8 毛刷本是一件能给狗带来按摩快感让它陶醉的护理用具。但是，有的主人在第一次使用毛刷时因为操作不当而让爱犬留下了心理阴影，所以它便会一见到毛刷就逃跑。若是爱犬对毛刷已经产生了抵触情绪，就需要主人耐心地为它打开心结了。试着轻柔地为它梳理被毛，哪怕就一两下，若是它没有挣扎，要立即奖励它爱吃的零食或是陪它玩耍。在几次开心的经历过后，爱犬一定能逐渐体会到毛刷带来的舒服感觉。

9 担心家里会因狗的存在变得臭烘烘。

A9 因为吉娃娃大多生活在室内，所以常有人介意它给家里带来了臭味。但其实，包括人类在内的所有动物都是有体味的。也就是说，既要饲养吉娃娃又想让家里完全没有臭味是不可能的，但养狗就不该太过于在意这一点。如果实在很烦恼，可以使用市售的专用除味喷雾或者空气净化器。但若是因为不按时洗澡而产生了臭味，那就是主人的不对了，一名合格的主人一定不能偷懒，要努力为爱犬提供一个舒适卫生的环境。

10 因为要工作，所以不得不把它独自留在家，好担心啊。

10 犬类的睡眠时间很长，白天爱犬独自在家时大多都是在睡觉。主人要合理安排自己的时间，尽量不把工作带回家，只要在家时心无旁骛地多陪伴爱犬就能给它最大的满足感了。比如说，回家以后陪它一起玩玩具，睡觉前用毛刷给它梳理被毛并抚触检查它身体的各个部位，爱犬就能感受到你最真挚的爱了，独自在家时也会乖巧地等待你，以最好的姿态去迎接你下班回家。

11 有必要给它吃零食吗？动物医生的建议各不相同。

11 有的医生认为不能给狗吃零食，最主要的原因是担心它每天摄入的卡路里因此超标。但是，若能调整一下狗正餐的食量，即使吃一点零食也不会发胖。另外，在训练狗时利用零食可以充分调动它的积极性，狗会为了吃到零食更加认真地去表现。但主人也要记住，不可轻易就把零食喂给狗吃，要在它表现良好取得进步以后，将零食作为奖励喂给它。

12 希望狗与每一位家庭成员都亲近，而不是只听一人的话。

12 因为吉娃娃对主人极其忠诚，所以在家中常会只听主人一人的命令。想要让狗与家里所有的成员都亲近，平时就要给它灌输"每一位家人都是最亲近的人"这样的思想。家人们也可以共同做出努力，比如散步改由老人带它去，晚餐改由孩子来喂它等，通过这样的"轮班制"，可以有效避免狗的思维中只认可唯一的那个人。

13 与吉娃娃一起生活时，最重要的是什么呢？

13 用最真挚的感情对待它。主人要细致地陪伴，关注爱犬每天的生活，这样就能明了它最爱哪种玩具，爱吃哪种零食，不喜欢哪种东西了。虽然爱犬不能像人类那样用语言表达自己的想法，但主人只要珍视它就能够明白它的心思了，也一定能建立起彼此坚定不移的信任关系，让未来的共处生活充满欢笑。

TITLE:〔Chihuahua to Kurasu〕

BY:〔Aiken no Tomo Henshubu〕

Copyright © 2013 Seibundo Shinkosha Publishing Co., Ltd.

Original Japanese language edition published by Seibundo Shinkosha Publishing Co., Ltd.

All rights reserved. No part of this book may be reproduced in any form without the written permission of the publisher.

Chinese translation rights arranged with Seibundo Shinkosha Publishing Co., Ltd., Tokyo through NIPPAN iPS Co.,Ltd.

本书由日本株式会社诚文堂新光社授权北京书中缘图书有限公司出品并由河北科学技术出版社在中国范围内独家出版本书中文简体字版本。

著作权合同登记号：冀图登字03-2018-226

版权所有·翻印必究

图书在版编目（CIP）数据

和爱犬一起生活. 吉娃娃 / 日本爱犬之友编辑部编著 ； 徐君译. -- 石家庄 ： 河北科学技术出版社，2019.3

ISBN 978-7-5375-9820-0

Ⅰ. ①和… Ⅱ. ①日… ②徐… Ⅲ. ①犬－驯养 Ⅳ. ①S829.2

中国版本图书馆CIP数据核字(2018)第277412号

和爱犬一起生活：吉娃娃

日本爱犬之友编辑部◎编著　徐　君◎译

策划制作：北京书锦缘咨询有限公司（www.booklink.com.cn）
总　策　划：陈　庆
策　　　划：肖文静
责任编辑：刘建鑫　原　芳
设计制作：柯秀翠

出版发行	河北科学技术出版社
地　址	石家庄市友谊北大街 330 号（邮编：050061）
印　刷	北京画中画印刷有限公司
经　销	全国新华书店
成品尺寸	145mm×210mm
印　张	5
字　数	90 千字
版　次	2019 年 3 月第 1 版
	2019 年 3 月第 1 次印刷
定　价	45.00 元